CLASSICI ARMANDO

Joseph e Aaron Agassi

in collaborazione con D.A. Greenberg

DIALOGO SENZA FINE

Una storia della scienza dai Greci ad Einstein

ARMANDO EDITORE

AGASSI, Joseph – **AGASSI**, Aaron
Dialogo senza fine. Una storia della scienza dai Greci ad Einstein ;
Roma : Armando, © 2009
256 p. ; 22 cm. (Classici Armando)

ISBN: 978-88-6081-564-4

1. Storia della scienza
2. La scienza contro la superstizione
3. Da Einstein al futuro

CDD 500

Traduzione di Wilma Di Palma

Titolo originale: *The Continuing Revolution. A History of Physics from the Greek to Einstein*

Viale Trastevere, 236 - 00153 Roma
Direzione - Ufficio Stampa 06/5894525
Direzione editoriale e Redazione 06/5817245
Amministrazione - Ufficio Abbonamenti 06/5806420
Fax 06/5818564
Internet: http://www.armando.it
E-Mail: redazione@armando.it ; segreteria@armando.it

21-19-022

Sommario

Presentazione

Un paio di anni fa, approfittando dell'estate, mio figlio Aaron ed io abbiamo avuto una serie di lunghe conversazioni sulla scienza e la filosofia, argomenti ai quali siamo molto interessati. Questo libro è la trascrizione di quelle conversazioni, ed è per questo che conserva l'originale forma di dialogo.

Del resto, come è noto, il metodo dialogico, a cui siamo ricorsi Aaron ed io non è affatto nuovo: si tratta, anzi, di un sistema didattico assai diffuso nell'antica Grecia. Il filosofo greco Socrate lo mise in atto con i suoi allievi e lo praticò con tutti i suoi concittadini ateniesi. Con ogni probabilità anche Platone, discepolo di Socrate, seguitò ad usare lo stesso metodo quando fondò una sua scuola ad Atene, ed anche le sue opere sono tutte scritte sotto forma di dialogo. Socrate e Platone ritenevano che questo fosse il metodo migliore per affrontare qualsiasi argomento: con uno stringente «esame incrociato» Socrate ed i suoi allievi riuscivano a scoprire quali errori si annidassero nei loro ragionamenti. Per Socrate la vera conoscenza si acquistava solo dopo aver preso coscienza della propria ignoranza: contestando le assunzioni dei propri discepoli, li costringeva così a riesaminate tutto il loro pensiero. Socrate esordì come scienziato, ma in età matura preferì convogliare le proprie ricerche sul campo dell'etica. Il suo discepolo Platone, invece, si occupò oltre che di etica anche di politica, di matematica, e di scienze in generale. Platone ci ha lasciato molte opere scritte in forma di dialogo nelle quali esamina tutti gli argomenti a lui cari in maniera via via sempre più autonoma rispetto alla influenza del maestro. Le teorie platoniche sulla natura della scienza ebbero, in particolare, una grandissima importanza e si possono senz'altro considerare frutto delle sue personali speculazioni. L'importanza che ebbe Socrate nei confronti della scienza va dunque ricercata nell'aver affrontato un buon metodo d'indagine e nell'averlo insegnato ai suoi discepoli. Così in un certo senso, il suo contributo alla storia della scienza nacque proprio nel momento in cui cessò la sua attività di scienziato militante.

Nel diciassettesimo secolo e durante tutto il Rinascimento, le idee platoniche ripresero il sopravvento rispetto a quelle di Aristotele che aveva dominato incontrastato per secoli. L'ironia della sorte volle così che a distanza di moltissimi anni il maestro Platone si riprendesse la rivincita sul suo allievo Aristotele. La visione del mondo aristotelica fu criticata, dapprima, dall'astronomo Copernico e poi da Bruno e da Galileo. Non è un caso che ambedue questi pensatori abbiano scritto le loro opere in forma di dialogo come fece Robert Boyle, uno degli scienziati più autorevoli tra i primi membri della Royal Society. Questa Società fu fondata a Londra nel 1660 e segnò l'inizio di una nuova era per la scienza. Comunque, malgrado Boyle, la posizione ufficiale della Royal Society restò sempre quella che la scienza trae dagli esperimenti l'elemento primario per la sua crescita e non dalle chiacchiere, siano esse in forma dialogica o no.

In questo libro prenderemo in considerazione questa questione in tutti i suoi dettagli. È mia personale opinione che la ricerca scientifica sia invece proprio una sorta di dialogo senza fine, un continuo fluire di problemi e di proposte per la loro soluzione, che tendono a superare quelle già avanzate in precedenza e che si sono rivelate false o poco chiare. La scienza è stata ed è a tutt'oggi un processo rivoluzionario in continuo divenire.

Per quanto concerne la posizione filosofica generale che sottende a tutto il libro, si può dire che ho tentato di operare una sintesi tra due precise tendenze che mi trovano entrambe d'accordo. In primo luogo, il metodo scientifico e critico del mio maestro Sir Karl Popper, ed in secondo luogo lo storicismo scientifico di E.A. Burtt e A. Koyré, che prende in considerazione lo sviluppo della scienza e della fisica in particolare, in un più vasto contesto metafisico. La mia sintesi consiste appunto in un approccio alla storia della scienza che mostri come questa non sia altro che la storia di un lento affrancamento dalla metafisica.

Sono inoltre debitore a parecchi storici: J. Burnett, H. Cherniss ed in particolare a H.A. Wolfson. La mia idea dello sviluppo della tradizione leibniziana fino ad Einstein, passando per Kant, Oersted e Faraday, è basata essenzialmente sulle fonti originali, poiché la letteratura in materia è scarsa e frammentaria. L'unica eccezione in questo senso è l'introduzione di Einstein al libro di M. Jammer *Concepìs of Space.* Ci tengo a dire, inoltre, che Daniel Greenberg è stato molto di più di un semplice curatore per questo volume, anzi il suo contributo è tale che potrebbe a buon diritto considerarsi un co-autore.

PRIMA SETTIMANA

Lunedì:
Che cosa è la scienza

Martedì:
Da Aristarco a Copernico

Mercoledì:
Perché credere agli scienziati?

Giovedì:
Galileo e il suo telescopio "fatto in casa"

Venerdì:
Il satellite artificiale

Sabato:
La gravità: è più o meno la stessa dovunque?

Domenica:
La scienza contro la superstizione

1. *Lunedì*

Che cosa è la scienza

Qualche mattina fa, stavo parlando con mio figlio Aaron di quanti secoli e di quanti sforzi ci sono voluti per ottenere una visione chiara e scientifica del mondo.

Che cosa intendi per visione chiara e scientifica? mi chiese Aaron.

Beh, non è facile a dirsi così su due piedi: dipende da che cosa vuoi sapere. Ci sono questioni nelle quali vale la pena di avere una visione chiara e scientifica e ce ne sono altre in cui il gioco non vale la candela.

Hai ragione. Per esempio a chi vuoi che importi di sapere con assoluta esattezza se oggi a colazione hai mangiato oppure no i fiocchi di avena?

Scherzi a parte, quale potrebbe essere una questione che vale la pena di conoscere a fondo?

Per esempio sapere se in un dato pianeta c'è l'aria, nell'eventualità che ci si voglia andare senza tuta spaziale.

Certo, ma come vedi, resta pur sempre il fatto che alcune questioni sono importanti, anzi di vitale importanza mentre altre no.

L'aggettivo «importante» è sempre relativo alla circostanza: bisogna chiedersi: «importante sì, ma per che cosa»? Tu dici giustamente, che per andare su di un pianeta senza tuta spaziale ha grandissima importanza accertarsi prima della presenza dell'aria, ma l'importanza della questione è limitata a questo caso particolare e basta. Ci sono invece questioni di portata ben più vasta, che interessano veramente tutti. Per caso te ne viene in mente qualcuna?

Vediamo un po'... – disse Aaron dopo breve riflessione, – *se qualcuno sa per certo di dover morire oggi e ha ancora parecchie faccende da sbrigare, è evidente che per lui ha grandissima importanza sapere se avrà tempo di sistemare i suoi affari prima di morire. Ammettiamo invece che io sappia di morire prima di aver terminato le faccende quotidiane, in questo caso la domanda importante è: mi preoccuperò se sono riuscito a fare solo la metà o un quarto delle mie faccende?*

Vedi, caro Aaron, tutti sappiamo di dover morire e può ben darsi che lasceremo un lavoro a metà. Il problema è allora un altro: conviene dedicarsi a piccole cose, che con ogni probabilità termineremo prima di morire, o è altrettanto lecito occuparsi di questioni che sappiamo già a priori di non riuscire a terminare nemmeno in duecento anni? Se tutti avessero optato per la prima ipotesi, la scienza, senza alcun dubbio, non sarebbe mai esistita. Un grande tema scientifico, difatti, non si esaurisce nel breve arco di una vita, ma continua ad occupare la mente di diverse generazioni di studiosi. Non è raro il caso di qualche scienziato che muore ancor prima di sapere se il suo personale contributo sarà fruttuoso per la scienza oppure no. Sono convinto, tuttavia, che i primi pensatori che diedero il via alla ricerca scientifica moderna, tre o quattrocento anni fa, non potevano rendersi conto di quanti secoli e quanti sacrifici ci sarebbero voluti per ultimare, e a volte solo in parte, la loro opera.

Ma allora si erano sbagliati!

Eh sì, noi siamo ancora qui che lavoriamo all'impresa da loro appena avviata. Non solo, ma siamo anche ben consci che non saremo certo noi a terminare l'opera; si va però avanti ugualmente e poco importa ai fini della scienza se un ricercatore muore: ce ne sono altri cento pronti a continuare la sua opera. Semmai il problema è un altro: che senso ha tutta questa fatica?

Non direi che è una fatica. Si fa con certo interesse, non ti pare?

È evidente che lavorare nel campo scientifico oggi è frutto di una scelta ben precisa: se non interessa ci si occupa d'altro, ma tre o quattrocento anni fa non si poteva dire altrettanto. Oggi la scienza esiste: ognuno ha la possibilità di farsene un'idea e decidere se è interessato oppure no, e quindi parteciparvi attivamente o meno. Oggi tutti possono farsi un'idea di che cosa è la scienza leggendo i testi scientifici, frequentando le lezioni su tale argomento, o stringendo amicizia con uomini di scienza, ma quattrocento anni fa la scienza non esisteva. Non esistevano né gli scienziati né i manuali scientifici, e se mai c'era qualche libro, questo era contorto e difficilissimo. Ma torniamo al nocciolo della questione: ti ricordi che mi hai chiesto cosa intendo per «chiara conoscenza» di un fatto?

Certo che me lo ricordo; la nostra conversazione è nata da lì!

Bene. Un libro, ad esempio, è comprensibile quando è scritto in maniera semplice e lineare. In effetti è molto difficile scrivere un libro così, perché non è per niente facile essere certi di non cadere, magari inconsciamente, in contraddizione. Per esempio, ammettiamo che io sia un fervido assertore della universale bontà umana, se incontro un tizio che mi ha fatto un torto e gli do del delinquente, ecco che sono caduto in contraddizione: tutti gli uomini sono buoni, ma il tale è malvagio.

Un buon libro non deve mai essere contraddittorio almeno nei limiti del possibile. Tre o quattrocento anni fa, invece, i testi scientifici, almeno così come li intendiamo noi, non esistevano: confusione e contraddizione erano all'ordine del giorno. Di «scienziati» poi, non era nemmeno il caso di parlarne. Insomma, quattrocento anni fa sarebbe stato molto difficile per un giovane come te decidere di diventare uno scienziato oppure no. L'idea che abbiamo oggi della scienza e della carriera scientifica è tutt'altra cosa rispetto a quei tempi, e lo stesso si può dire della scuola e della didattica. Oggi nessuno ti vieta di pensarla diversamente dal tuo insegnante e di dirgli apertamente: «Mi scusi, ma non sono d'accordo».

Nicolò Copernico, 1473-1543.

Inoltre nella tua scuola ci sono studenti che professano diverse religioni: alcuni sono ebrei, altri cristiani, altri ancora non hanno alcuna religione. Anche gli insegnanti sono liberi di pensare ciò che meglio credono in fatto di religione o di politica. Ma quattrocento anni fa, le cose non stavano così: ebrei e cristiani non andavano affatto nelle stesse scuole. Gli studenti ebrei frequentavano solo le scuole rabbiniche, e quello che apprendevano sui loro testi era legge indiscussa. Gli studenti cattolici, dal canto loro, frequentavano solo scuole in cui gli insegnanti fossero cattolici ed anche loro erano fermamente convinti che nei loro testi non vi fossero errori di sorta.

Va bene – disse Aaron con impazienza – *ma che c'entra tutto questo discorso sulle religioni con la scienza?*

Che cos'è, secondo te, la scienza?

È proprio l'opposto delle credenze religiose.

Stai andando troppo in fretta, mio caro! Non abbiamo ancora stabilito cos'è la religione e tanto meno che cos'è la scienza, e tu già sostieni che sono l'una l'opposto dell'altra? Perché sei arrivato a questa conclusione?

Aaron rifletté un po', ma non disse nulla.

Capisco il tuo imbarazzo, non è certo facile darmi una risposta. Comunque è significativo che tu, pur sapendone poco, sia di

Visita di Napoleone, nel 1807, alla casa nella quale nacque Copernico.

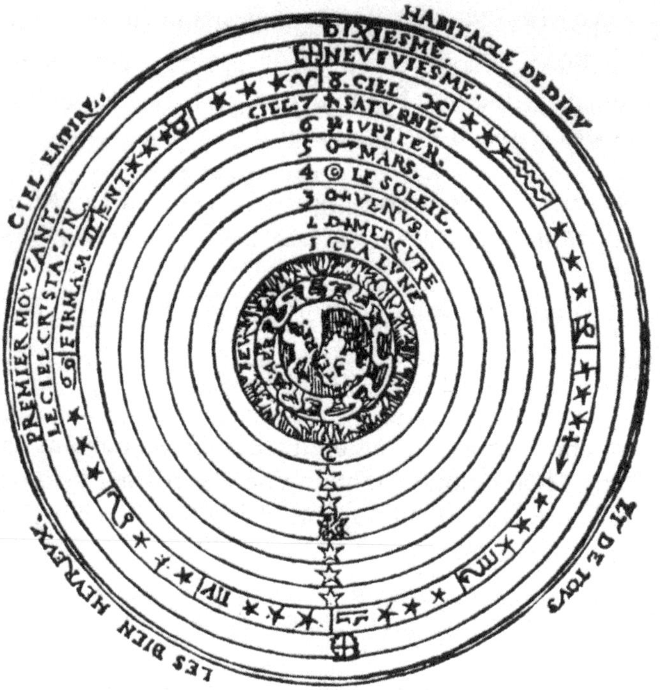

L'immagine del mondo secondo Aristotele (da un testo del diciottesimo secolo). La terra è posta al centro di alcune sfere concentriche e ruotanti. La sfera della luna separa la regione terrestre (composta dagli elementi terra, acqua, aria e fuoco) dalla regione celeste. La regione celeste è composta dalle sfere di Mercurio. Venereo Sole. Marte. Giove. Saturno e le stelle.

religione che di scienza, le percepisca come due espressioni del pensiero umano opposte tra loro: l'una è l'irrazionale, l'altra il razionale. Quattrocento anni fa la gente sarebbe rimasta esterrefatta se avesse sentito una cosa simile: a quell'epoca la scienza e la religione facevano tutte e due parte della medesima ricerca della verità. Il tuo atteggiamento è il risultato di una lunga battaglia per la libertà di pensiero, che ebbe inizio quattrocento anni or sono: la gente ebbe il coraggio di alzare il capo, di non essere più d'accordo con i propri maestri e di professare idee nuove e rivoluzionarie. Ebbe inizio così la storia della scienza. L'uomo più importante della scienza moderna fu senza alcun dubbio Nicolò Copernico, un astronomo polacco che visse nel sedicesimo secolo.

Egli fu il primo che osò guardare con occhio critico alcuni principi scientifici, che per secoli erano stati ritenuti dei dogmi inviolabili. A quei tempi, ad esempio, si credeva che la terra fosse il centro dell'universo. Questa ipotesi aveva fatto la sua prima comparsa nel testo di un antico filosofo greco di nome Aristotele, e mai nessuno aveva osato metterla in dubbio. Secondo questa teoria, dunque, l'intero universo ruotava intorno alla terra, e poiché la terra era stata creata per l'uomo, ne conseguiva che l'uomo era il centro di tutto l'universo. In quanto a modestia non c'è male, non ti pare? A quei tempi, la maggior parte degli studenti, dei professori e dei prelati, credevano che l'uomo occupasse un posto d'onore nell'universo visto che Dio l'aveva appositamente creato per lui. La teoria geocentrica acquistava così un'importanza fondamentale per la religione. Essendo dunque una questione

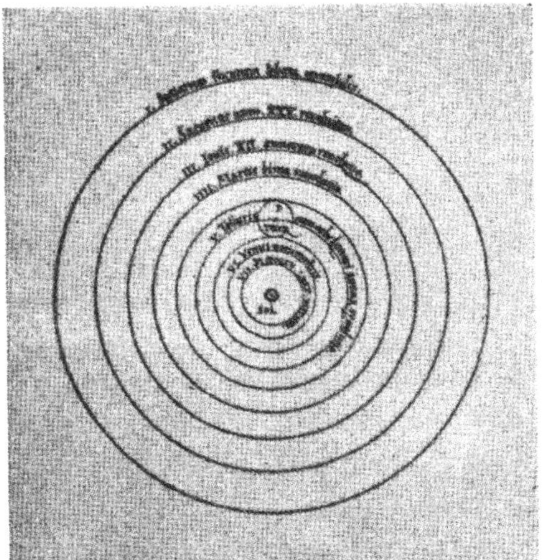

La concezione copernicana del mondo così come è vista nell'opera più importante di Copernico: De Revolutionibus Orbium Coelestium. *Il sole è al centro del sistema del mondo.*

NICOLAI CO-
PERNICI TORINENSIS
DE REVOLVTIONIBVS ORBI-
um coelestium, Libri VI.

Habes in hoc opere iam recens nato, & aedito, studiose lector, Motus stellarum, tam fixarum, quàm erraticarum, cum ex ueteribus, tum etiam ex recentibus obseruationibus restitutos: & nouis insuper ac admirabilibus hypothesibus ornatos. Habes etiam Tabulas expeditissimas, ex quibus eosdem ad quoduis tempus quàm facillime calculare poteris. Igitur eme, lege, fruere.

Ἀγεωμέτρητος οὐδεὶς εἰσίτω.

Norimbergae apud Ioh. Petreium,
Anno M. D. XLIII.

La copertina della prima edizione del De Revolutionibus Orbium Coelestium *(Le rivoluzioni dei mondi celesti) di Copernico, pubblicato nel 1543.*

Giordano Bruno, 1548-1600.

di fede, puoi ben immaginare che cosa accadde non appena Copernico osò dire che il sole, e non la terra, è il centro dell'universo.

Nel 1584 Giordano Bruno, formulò delle ipotesi più radicali. Bruno riteneva che né la terra né il sole erano il centro dell'universo, ma che vi fossero innumerevoli soli ed altrettanti sistemi solari. Le sue teorie astronomiche erano evidentemente in netta contraddizione con la fede e così dopo aver abbandonato la vita monastica si mise a predicare le nuove idee.

Oggi la critica è consentita, ma ai tempi di Bruno non era così. Il tribunale dell'Inquisizione, organo di censura della Chiesa Cattolica, tentò con ogni mezzo di piegare Bruno all'ortodossia, ma egli si rifiutò, e nell'anno 1600 fu bruciato vivo su di un rogo con l'imputazione di eresia.

Questo fatto è semplicemente orribile.

Sì, fu talmente orribile che da allora la gente cominciò a pensare alla religione e alla scienza come a due cose opposte, proprio come hai detto tu. Dunque la scienza si distaccò sempre di più dalla religione perché in quei tempi la Chiesa Cattolica si opponeva alle nuove idee. La religione affermava che l'uomo è il centro dell'universo, perché creato ad immagine e somiglianza di Dio. Copernico e Bruno avevano invece idee opposte alla Chiesa: uno diceva che il centro dell'universo è il sole, l'altro sosteneva addirittura che l'universo non ha centro ed è infinito. Per entrambi, dunque, l'uomo è molto, ma molto meno importante che per la Chiesa*.

Da sempre gli uomini si erano chiesti quale fosse il loro ruolo nel mondo e fin dall'antichità più remota era prevalsa l'idea che il mondo fosse stato creato a misura d'uomo. Quando quattrocento anni or sono la scienza cominciò ad esistere, gli scienziati si posero la più importante domanda che mai sia stata posta: in

* Il primo a contrastare Copernico, senza nominarlo, fu Martin Lutero quando il *De Revolutionibus* non era ancora uscito. Qualche anno dopo Melantone riprese gli attacchi (*N.d.T.*).

che specie di mondo viviamo? Quanto siamo importanti rispetto a questo mondo?

Come vedi, i primi scienziati non ebbero timore a porsi problemi così grandi da non poter essere risolti da un solo uomo e nell'arco di una sola vita. Di fronte ad un problema scientifico sappiamo già che la risposta può venire molto tempo dopo, forse quando siamo già morti, o forse non arriverà mai. L'importante, però, è lavorarci sopra senza risparmiare le energie.

Da Aristarco a Copernico

Nel diciassettesimo secolo, i fautori delle nuove idee, cioè gli scienziati, avevano l'abitudine di riunirsi in gruppo per studiare. Ma anche gli uomini che provavano avversione e paura per le nuove idee si associarono, fondando organizzazioni religiose o università. La differenza tra i due opposti schieramenti, non va certo ricercata nella maggiore o minore religiosità, o nell'amore per la scienza, quanto piuttosto nell'accettazione o meno delle nuove idee.

D'accordo, ma io voglio sapere perché bruciarono Giordano Bruno.

Questo è un grosso problema. Devi sapere che ai tempi di Giordano Bruno la gente era terrorizzata dai cambiamenti che le nuove idee avrebbero potuto generare. Si pensava che non solo fosse doveroso, ma anche saggio insegnare nelle scuole, di generazione in generazione, le stesse nozioni. La tecnologia non avanzava di un passo e le macchine che avevano a disposizione a quei tempi non reggono nemmeno il confronto con le nostre. Persino il modo di vivere del tempo era fondato sulla convinzione che non sarebbe mai stato possibile ottenere un progresso maggiore di quello che era già stato ottenuto. Stando così le cose, il meglio che si potesse fare era, dunque, conservare le antiche teorie. A quel tempo si riteneva che gli antichi ebrei fossero stati insieme ai greci il più fulgido esempio di civiltà che mai fosse esistita. Gli ebrei avevano dialogato con Dio ed i greci avevano prodotto quanto di meglio si potesse in fatto di teorie scientifiche. Che potevano mai fare i loro pronipoti se non conservare e tramandare le idee di così perfetti antenati?

D'accordo, d'accordo ma mi vuoi dire una buona volta perché bruciarono Giordano Bruno?

La gente che riteneva pericolose le nuove teorie, capì che doveva fare qualcosa per arrestarne l'avanzata. I conservatori erano persuasi che Giordano Bruno, con le sue idee rivoluzionarie, stesse causando un grave danno all'intera società. Pensarono perciò che fosse loro diritto estirpare la piaga, bruciando un eretico, piuttosto che lasciare che le nuove idee distruggessero tutto quanto. Non credere comunque, che i conservatori fossero gente malvagia e senza cuore, erano invece in perfetta buona fede: desideravano davvero la migliore delle società e la migliore delle istruzioni. Insomma, volevano proprio la migliore vita che fosse possibile. In una certa misura, avevano anche ragione, infatti durante il «buio» Medio Evo, cioè «l'epoca delle tenebre», in tutta Europa la vita era dura e primitiva e l'analfabetismo regnava sovrano. Poi lentamente, gli uomini scoprirono il mondo antico e la sua letteratura tramite gli scritti arabi ed ebrei, ed incominciarono ad amare l'antico modo di vita. I greci così bravi ed istruiti avevano molto da insegnare agli uomini appena usciti dalle barbarie del Medio Evo e così i migliori si diedero a studiare i classici greci e latini.

Il revival del mondo classico durò per parecchi secoli e cancellò parte dei costumi barbarici che gli anni più recenti avevano introdotto. Il mondo antico aveva visto il suo crepuscolo nel momento in cui sorgeva il cristianesimo ed il sesto secolo dell'era cristiana fu il più buio fra tutti quegli anni di tenebre.

Il risveglio, grazie all'antico sapere giunto al mondo cristiano dal mondo arabo (principalmente tramite gli ebrei) si attuò a partire dal dodicesimo secolo fino a giungere al sedicesimo secolo: quattro secoli di sforzi tesi a perfezionare la conoscenza del mondo classico. È evidente che uomini come Copernico e Giordano Bruno, che non intendevano affatto rivolgere la loro speculazione soltanto al passato, fossero visti come mostri che potevano distruggere i buoni risultati ottenuti. La gente temeva, insomma, di perdere tutti i benefici ottenuti prima della rivoluzione copernicana.

Copertina di un testo d'astronomia del diciassettesimo secolo che mostra gli antichi astronomi Ipparco e Tolomeo accanto ai «moderni» Copernico e Brahe.

Perché si chiama rivoluzione copernicana?

È detta rivoluzione copernicana perché i seguaci di Copernico non si interessavano più al mondo classico, ma erano protesi verso il futuro.

Copernico, visto con gli occhi di oggi è tutto sommato un conservatore, eppure ai suoi tempi era considerato un fanatico rivoluzionario: bastava credere al futuro per essere preso per un facinoroso. Oggi le cose, per fortuna, stanno diversamente, ma purtroppo questa è una lezione di cui ci dimentichiamo spesso.

Comunque, per tornare alla rivoluzione copernicana, il suo principale contributo fu quello d'insegnare alla gente a guardare al futuro piuttosto che al passato.

Ma era davvero nuova l'idea che il sole è il centro dell'universo?

Effettivamente si trattava di una vecchia idea. Non sappiamo però se Copernico ci arrivò per suo conto o se, invece, la trovò bella e pronta nei testi antichi. Comunque sia l'eliocentrismo è una teoria molto antica. L'aveva sostenuta già un antico pensatore greco, di nome Aristarco. I suoi testi non ci sono giunti, ma sappiamo che Copernico fu il primo a prendere sul serio la sua ipotesi eliocentrica.

Perché non si credette prima ad Aristarco?

Secondo te, l'idea che la terra è in movimento, non è un po' strana? Pensa a quanto è grande la terra ed a quale velocità si deve muovere per ruotare intorno al sole, ed a che velocità gira su se stessa per ottenere le notti e i giorni di ventiquattro ore. Saresti propenso a credere che un oggetto tanto pesante ruoti su se stesso e giri intorno al sole così rapidamente, solo perché qualcuno te lo ha detto?

Beh, ci crederei se a dirmelo fosse uno scienziato.

Mi dispiace per te, mio caro, ma rispetto a questa faccenda ti stai comportando da perfetto reazionario! Credere agli scienziati solo in virtù della loro qualifica è quanto di più antiscientifico possa esistere, proprio come è antiscientifico credere al proprio insegnante per il solo fatto che è un insegnante. Tu hai sempre il dovere di spiegare perché ritieni che la tua idea sia migliore di quella espressa dai tuoi predecessori. Insomma devi dimostrare che la tua teoria produce veramente una conoscenza più chiara e una rappresentazione migliore del mondo.

Aaron mi diede un'occhiata alquanto disorientata e chiese: *Ma cos'è una conoscenza più chiara?*

Non sono ancora in grado di spiegartelo, ma se ti può consolare nemmeno Copernico lo sapeva e tanto meno la gente del suo tempo, che credeva, in assoluta buona fede, che una conoscenza chiara del *mondo* fosse possibile, e che i greci avessero davvero raggiunto una simile forma di sapere. Nel Medio Evo non si era riusciti a trovare un modo per migliorare le condizioni di vita: si viveva nella miseria, nell'ignoranza, nella povertà, tra guerre e pestilenze. Fu così che gli uomini di cultura cominciarono a narrare la leggenda di una età dell'oro, un periodo cioè in cui gli uomini non erano stati così ignoranti.

Cosa intendi per l'età dell'oro?

Età dell'oro è il termine che designa la più bella epoca del mondo, che coincide con una fase della storia dell'antica Grecia. Gli uomini credettero che tale epoca ebbe fine perché era stato commesso qualche errore, perciò se avessero tentato di comportarsi in modo virtuoso l'età dell'oro sarebbe tornata. I maggiori uomini di cultura del Medio Evo erano impegnati a capire che cosa bisognava fare per tornare all'età dell'oro. Cercarono la risposta negli antichi testi greci ed ebraici che giungevano loro direttamente dalla perduta età dell'oro. Fatto strano, ma dopo un po' le cose incominciarono ad andare effettivamente meglio: nell'Europa occidentale giunsero molti testi antichi scritti in latino e parallelamente s'accrebbero sapere e conoscenze pratiche. In Europa non esistevano grandi contatti con le altri parti del mondo, perché non c'era alcuna volontà di confronto con le popolazioni che non fossero cattoliche. Ma in Europa occidentale vivevano alcuni ebrei che avevano, invece, frequenti contatti con i correligionari residenti nelle altre parti del mondo, e c'erano anche molti arabi che possedevano libri greci. I testi classici furono così trasmessi dal mondo arabo a quello cristiano e successivamente vennero tradotti in latino.

A mano a mano che le informazioni sull'età dell'oro crescevano, la gente si sentì più sicura e pronta a fare nuove scoperte: l'America, la bussola, la polvere da sparo. S'incominciò ad essere convinti di possedere nozioni sconosciute ai greci, finché qualcuno esclamò: «forse non siamo così arretrati come ci è sembrato finora». La gente dell'Europa occidentale, d'un tratto, riacquistò fiducia nelle proprie capacità e incominciò a credere che avrebbe potuto anche realizzare qualcosa di buono: forse sarebbero tornati all'età dell'oro. Fu così che la rivoluzione copernicana provocò un rinnovato interesse per l'arte e la scienza, che va sotto il nome

Interno di una tipografia del sedicesimo secolo. Da una stampa dell'artista fiammingo Johannes Stradanus (1523-1605).

La didascalia dell'artista dice: «Come una sola voce può essere udita da una moltitudine di orecchie, così un singolo scritto ricopre migliaia di fogli». Dopo l'invenzione della stampa da parte di Gutenberg nel quindicesimo secolo, i testi delle antiche civiltà divennero accessibili a tutti gli abitanti d'Europa.

"Nuove scoperte" o "Nova Reperta" da un'altra stampa di Johannes Stradanus.

Sono raffigurate alcune delle scoperte tecnologiche e geografiche: la scoperta dell'America. la polvere da sparo, la pressa tipografica, l'orologio meccanico in ferro. il processo di distillazione, il baco da seta e la staffa.

di Rinascimento. Questa rinascita fiorì in Italia, dove si tentò di vivere alla maniera degli antichi greci e romani, imitandoli nelle pitture, nelle sculture, nei libri e nei poemi. Subito dopo la scoperta dell'America, con Copernico e con Galileo si cercò di creare anche una scienza che si rifacesse agli antichi greci e romani.

Non deve essere stato facile far vivere, così, una civiltà ormai scomparsa.

Infatti fu molto difficile. Innanzitutto non possedevano alcuna pittura o scultura greca, ma solo statue mutilate e piccoli esemplari in copia, e poi non avevano nemmeno un sufficiente numero di testi greci a cui rifarsi. Ma tentarono ugualmente di ricostruire la civiltà greca.

La caratteristica peculiare di quella civiltà era la tolleranza: in Grecia coesistevano pacificamente differenti opinioni. Forse la scoperta più importante della scienza del Rinascimento e della rivoluzione copernicana fu proprio quella di comprendere che non tutti i greci avevano le stesse opinioni. Allora, se i greci raggiunsero un livello notevolissimo di civiltà, pur avendo opinioni differenti, «perché mai» si chiesero molti europei «non dovremmo avere differenti opinioni anche noi?».

Copernico fu il primo a rilevare queste differenze di opinioni tra gli antichi greci. Scoprì infatti che Aristarco non era affatto d'accordo con gli altri greci per quanto riguardava il centro dello universo. È ben possibile che non tutti i Greci fossero della stessa levatura, ma alcuni risultassero più brillanti e validi di altri. Fu per questo che in Europa gli studiosi cominciarono a badare ai propri interessi e a vedere chi fra i Greci meritasse veramente di essere studiato e seguito.

Perché Copernico riteneva che Aristarco avesse ragione?

Esistono ben due risposte per questa domanda. L'una è fondamentale per la storia della scienza e l'altra per la storia della religione. Bisogna tener presente, infatti che, Copernico era molto religioso e non avrebbe certo compreso la differenza che noi facciamo tra religione e scienza. Dunque la risposta d'ordine scientifico è la seguente: chi ritiene che la terra sia al centro dell'universo, deve far ricorso ad una teoria molto complessa, niente affatto lineare e diretta, come avrò modo di spiegarti un altro giorno. La risposta d'ordine religioso, che rivestiva per Copernico una importanza assai maggiore dell'altra, era questa: l'ipotesi eliocentrica non può che generare una teoria migliore, in quanto il sole, essendo il simbolo di Dio, altro non può essere se non il centro dell'universo. Copernico credeva che il sole fosse simile all'occhio di Dio, o al suo trono, e quindi il suo luogo naturale era al centro dell'universo, proprio come in una corte il trono si colloca nel mezzo della sala più bella.

Vedremo in seguito che la teoria copernicana diede luogo a dei risultati che Copernico non si sarebbe mai sognato. Per ora, comunque, la cosa da sottolineare è che Copernico non prestò

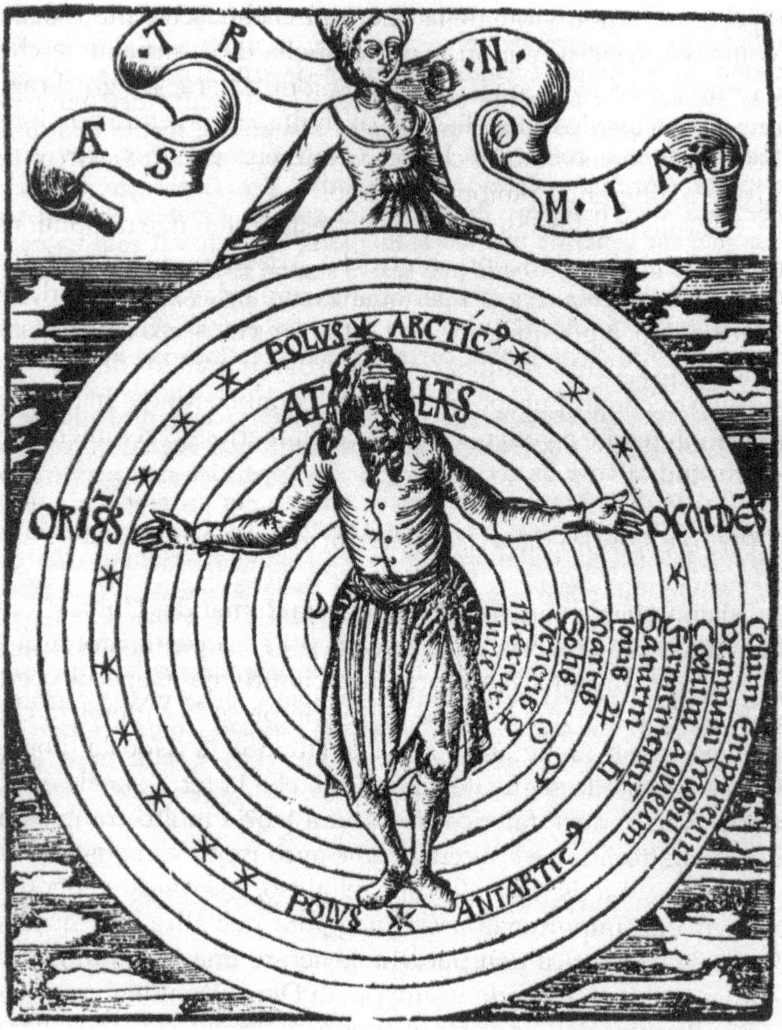

L'universo così come veniva usualmente raffigurato nel sedicesimo secolo.

Atlante è mostrato nell'atto di sostenere la sfera centrale della terra. Al di sopra ci sono le sfere del planetario cioè le stelle fisse, la sfera cristallina e i "Primum Mobile" (sorgente di forza per l'intero sistema). Fuori dell'universo c'è il puro Empireo, dove Dio regna assiso sul suo trono.

fede alla teoria di Aristarco solo perché l'autore era un esponente della grande cultura ellenica, ma adottò l'ipotesi eliocentrica soprattutto perché tale teoria collimava con le sue opinioni religiose, che ovviamente erano del tutto indipendenti dalla sua stima per i greci. In altri termini, Copernico era un uomo che aveva le proprie opinioni sia per quanto riguarda Dio, sia per quanto concerne le stelle. I grandi del Rinascimento, e Copernico è senz'altro tra loro, credettero di far rivivere l'antico splendore della civiltà ellenica, ma invece di dar corpo ai fantasmi del passato, come era loro intenzione, generarono una nuova cultura che è alla base della scienza moderna.

Perché credere agli scienziati?

Mi sono reso conto che Aaron è rimasto molto male del fatto che, l'altro giorno, ho bollato come "antiscientifico" il suo atteggiamento di acritica fiducia nelle affermazioni degli scienziati. Infatti, oggi è subito tornato all'attacco.

Io credo agli scienziati perché dispongono di un gran numero di strumenti moderni. Possono servirsi di telescopi e di microscopi anche se, devo ammetterlo, esiste un caso in cui i microscopi servono a poco: non consentono, cioè, di osservare direttamente l'atomo. Infatti per quanto potente sia il microscopio non c'è verso di vedere un atomo.

Ma tu credi a ciò che dicono gli scienziati anche quando parlano degli atomi! Cosa c'entra questo con i moderni strumenti tecnici? Tu stesso sei d'accordo nel dire che gli strumenti non ci sono di alcun aiuto per fornire indicazioni precise sulla struttura dell'atomo.

Certo, nessun strumento ci permette di vedere gli atomi.

Ma gli scienziati postulano ugualmente l'esistenza degli atomi.

Sì. Ma quando un atomo si frantuma si possono osservare le conseguenze di questa scissione anche se non siamo in grado di vedere l'atomo in se stesso.

In altri termini tu credi a ciò che gli scienziati ti dicono sugli atomi anche se loro non li possono osservare direttamente, e basi la tua fiducia sul fatto che essi possono avvalersi di strumenti tecnici moderni in grado di rilevare la presenza degli atomi tramite fenomeni a loro connessi.

Sì, certo. Gli scienziati possono, infatti, osservare i fenomeni che sono causati dall'esistenza degli atomi.

Questo è vero, si possono osservare i risultati, o gli effetti di alcuni comportamenti tipici dell'atomo. Tuttavia, tu non hai molta dimestichezza con la moderna strumentazione scientifica: sì e no che hai intravisto un telescopio e forse hai eseguito qualche osservazione al microscopio, ma non sei andato molto oltre. Eppure tu credi agli scienziati. Tutti commettono degli errori; non pensi che anche gli scienziati possano farne?

Certo, ma semmai fanno degli errori, questi sono da imputare a difetti di strumentazione.

Va bene, questo è un modo per commettere errori.

Oppure, può ben darsi che l'oggetto osservato sia ad una distanza tale da non consentire alcun affidamento ai risultati ottenuti dall'occhio umano, anche con l'ausilio di un mezzo tecnico. Inoltre gli occhi possono avere qualche cosa che non va ed anche il sistema nervoso può fare brutti scherzi.

I nervi? Chiese Aaron alquanto meravigliato.

Sì, certo, occorre una frazione di tempo perché il messaggio giunga dagli occhi al cervello. Si possono dunque commettere degli errori sia per il come, sia per il quando si osserva un oggetto, perché non tutti recepiscono l'immagine alla stessa velocità: c'è chi utilizza tempi brevi e chi necessita di tempi più lunghi. Oltre a questi errori dovuti alla imperfezione umana ce ne possono essere altri dovuti invece alla strumentazione e all'osservazione, ad esempio, si può essere convinti di osservare un oggetto mentre in realtà si tratta di tutt'altro. Per caso, non ti è mai capitato di credere di vedere qualcuno che conosci, e poi la persona non corrisponde affatto? Succede spesso. Dunque gli scienziati, non possono mai essere sicuri al cento per cento, anche se non commettono sbagli nell'osservazione, hanno la strumentazione in perfetto ordine e conoscono già molto bene l'oggetto che devono osservare.

Prendiamo ad esempio ancora una volta Copernico. Egli osservava le stelle ed i pianeti nel cielo, ma anche altre persone oltre a lui avevano questa possibilità, eppure Copernico sosteneva che il centro dell'universo era in un posto e gli altri sostenevano che era da tutt'altra parte. Osservavano tutti lo stesso cielo, ma il centro dell'universo non si può vedere, proprio come tu non puoi vedere l'atomo. Anche il più grande dei telescopi non è in grado di farti vedere il centro dell'universo. Al seguente problema: «L'universo possiede un centro? E dove mai è situato?», il telescopio non può dare alcuna risposta diretta. Dunque, abbiamo accertato che gli scienziati pensano e osservano, e possono commettere degli errori sia nelle osservazioni, sia nei ragionamenti. Standо così le cose com'è che credi agli scienziati? Perché non credi allora anche ai tuoi insegnanti? E perché non a tutti allora?

Copernico osserva un'eclisse lunare durante il suo soggiorno a Roma.

Aaron restò un po' perplesso: *Ma gli scienziati non parlarono di scienza sulla base delle loro osservazioni?*

Sì certo, ma dicono anche cose che non osservano. Tu credi all'autorità degli scienziati così come gli uomini del Medio Evo prestavano fede agli uomini di cultura, che poi erano, di solito, sacerdoti. Ma a differenza delle persone del Medio Evo, tu ti sei già posto la domanda «Perché dovrei credere agli scienziati?». Non solo, hai anche cercato una risposta: credi agli scienziati in quanto conducono esperimenti e si avvalgono per le loro osservazioni di strumenti moderni. Con ogni probabilità hai già sentito parlare di questi problemi a scuola o nei libri e sai che gli scienziati si formano delle opinioni anche sulle cose che non hanno potuto osservare. Esiste dunque un limite all'osservabilità. Ora potresti proporti, su queste nuove basi, lo stesso interrogativo di prima: «Perché dovremmo credere ciecamente agli scienziati?». Perché gli prestiamo fede anche se sappiamo che non sono infallibili?

Ma non sempre sbagliano, non ti sembra? Chiese Aaron ormai frastornato.

Consideriamo, dunque, la teoria di Copernico secondo la quale il sole è il centro dell'universo ed i pianeti si muovono intorno al sole descrivendo delle orbite. Pensi che ciò sia esatto?

Il sole non è il centro dell'universo. È il centro del sistema solare, anzi del nostro sistema solare.

Sicché Copernico si sbagliava nell'affermare questa teoria, non ti pare?

Sì.

Dunque non è per niente vero che gli scienziati hanno quasi sempre ragione, perché Copernico era uno scienziato, e ciò che disse era sbagliato, ne convieni?

Galileo Galilei, 1564-1642

Ma, – saltò su Aaron – *in parte almeno aveva ragione!*

Ma che vuol dire avere ragione solo in parte?

Non so, è difficile spiegarlo.

Lascia che ti aiuti. Forse volevi dire che, pur non essendo il sole il centro dell'universo, lo è perlomeno rispetto al sistema solare, non è così?

Sì, è evidente che il sistema solare è parte integrante dell'universo, non ti sembra? Dunque, se questo sistema solare fosse molto vicino al centro dell'universo, Copernico avrebbe avuto ragione.

Certo, ma tu ben sai che il sistema solare non è il centro della Via Lattea, quindi la sua teoria non è affatto corretta. Non solo, prendiamo in considerazione ad esempio, la teoria di Einstein. Einstein afferma che l'universo non possiede alcun centro e che gli scienziati, se proprio ne hanno bisogno per esigenze di calcolo, possono collocarlo dove meglio credono. Effettivamente non esiste un centro. Così c'è uno scienziato, Einstein, in disaccordo con un altro scienziato. Copernico, e quando due hanno opinioni antitetiche, uno dei due deve avere per forza torto.

Potrebbe ben essere che abbiano torto ambedue.

Può ben darsi che abbiano sbagliato tutti e due, ma in tal caso ce ne sarà un altro che ha ragione. Sei d'accordo, o no?

Non so, – disse amaramente Aaron –. *Ogni cosa mi sembra confusa.*

Non abbatterti proprio ora! È molto importante che tu abbia acquistato coscienza che, possedere gli strumenti ed effettuare le osservazioni non basta ad eliminare completamente gli errori: non ci fornisce alcuna garanzia sul fatto che gli scienziati dicono o meno la verità. Ma di una cosa almeno possiamo essere certi: gli scienziati che compiono esperimenti e osservazioni non commettono certo gli stessi errori degli scienziati teorici. Sei d'accordo?

Sì.

Dunque possiamo concludere che una teoria per essere valida deve concordare con i dati sperimentali.

Galileo Galilei che studiò e lavorò in Italia a cavallo fra gli ultimi anni del sedicesimo secolo ed all'inizio del diciassettesimo secolo fu uno dei più grandi seguaci di Copernico. Galileo soleva dire che non bisogna confidare unicamente nei nostri occhi, perché così facendo non otterremmo mai sufficienti garanzie di esattezza. Infatti, ancor prima di eseguire l'osservazione si deve stabilire esattamente cos'è che vogliamo verificare. Ad esempio, *pensò* Galileo: «Se si osservasse il nostro pianeta, stando sulla luna, cosa avrebbe un aspetto maggiormente levigato, l'acqua o la terra?».

Ad occhio e croce, il mare è più liscio della terra.

Esatto. Ma, si chiese ancora Galileo: «Stando sulla luna, se si guarda il nostro pianeta con la sua estensione d'acqua e le sue superfici terrestri si è in grado di distinguere il mare dalla terra?».

Aaron pensò un momento, e poi disse: *Mettiamo che tu voglia vedere gli Stati Uniti dalla luna, dovrai cercare qualcosa che abbia una piccola appendice in basso da un lato.*

Tutto questo è molto carino, ma supponiamo che tu non sia mai stato sulla terra e non abbia mai sentito dire che l'America è un continente, come fai a sapere che l'America è fatta di terra e gli oceani che la circondano d'acqua, o non si tratta invece di tutto il contrario? Aspetta, voglia fornirti una traccia. Il sole brilla sulla terra, così dalla luna questa sembra luminosa (proprio come la luna appare luminosa dalla terra). Cos'è che appare più brillante la terra o l'acqua?

L'acqua riflette la luce molto di più della terra perché si tratta di una superficie più liscia.

Ai tempi di Galileo, gli uomini erano certi che dalla luna l'acqua sarebbe apparsa più brillante della terra in quanto l'acqua è più levigata. Dicevano: «Guardate lo specchio sul muro. Brilla di più lo specchio o il muro?».

Lo specchio.

Lo specchio è più luminoso del muro in quanto è più liscio, giusto?

Giusto.

Quindi il mare risplenderà con più forza della terra, giusto?

Giusto.

Allora la luna, che riluce, deve essere fatta d'acqua o di specchi.

La luna brilla, ma non è fatta d'acqua, disse Aaron, abbastanza contrariato. *È composta soltanto di una polvere sottilissima.*

Eppure nel quindicesimo e sedicesimo secolo la gente riteneva che si trattasse di un grande specchio di cristallo, perché questo era quanto avevano sentenziato al riguardo i greci.

Ma non è vero: è fatta di polvere!

Ma come facevano a saperlo? Tu concordi nel dire che lo specchio brilla di più della polvere, e sei d'accordo col fatto che la luna brilla quando è illuminata dal sole. In tal modo dovresti convenire che la luna è fatta di specchi. Dimmi, allora com'è che la luna brilla se è fatta di polvere?

Non saprei, questa è una domanda molto difficile.

Infatti, ma Galileo riuscì a rispondere ugualmente. Galileo pensò che fino ad allora la questione non era stata presa in considerazione con la dovuta esattezza. È un dato di fatto che gli specchi hanno una lucentezza superiore a quella dei muri, ma è anche vero che in alcune particolari circostanze risultano più scuri. Ma a prima vista, tutti sono propensi a credere che gli specchi siano di gran lunga più luminosi dei muri, tant'è che se la luce del sole batte su di uno specchio, questa viene riflessa su di una superficie opposta allo specchio sotto forma di una macchia luminosa. Dunque, se guardiamo lo specchio dal punto dove la luce del sole si riflette, questo ci appare, in effetti, molto luminoso. Ma in realtà noi vediamo il sole e diciamo che è lo specchio ad essere abbagliante. Infatti, se guardiamo lo specchio da un'altra posizione, questo sembrerà oscuro, perché il raggio di sole che batte su di esso è riflesso altrove. Dunque, solo in una particolare direzione lo specchio è molto splendente, mentre non ha alcuna luce in tutte le altre. Ora, se prendiamo un muro che non è liscio, esaminandolo con attenzione al microscopio, possiamo osservare che è composto da tanti pezzettini lisci, piccolissimi specchietti posti ciascuno in una differente direzione. Quindi la luce del sole che colpisce ciascuno di questi piccoli specchi viene riflessa in diverse direzioni. Non esiste perciò solo una prospettiva nella quale il muro appare luminoso: in tutte le direzioni è ugualmente brillante. Così, nella quasi totalità delle direzioni il muro è più luminoso dello specchio, invece soltanto in una particolare direzione lo specchio risulta più brillante del muro.

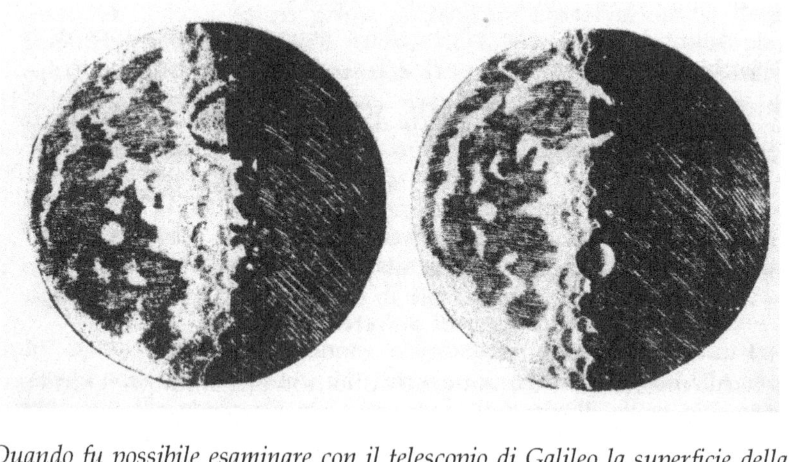

Quando fu possibile esaminare con il telescopio di Galileo la superficie della luna, che a detta di Aristotele era liscia e "perfetta", si vide che in realtà era piena di montagne e bucherellata da crateri (dal Sidereus Nuncius *di Galileo).*

Ho capito, ma è un ragionamento un po' difficile da seguire.

Ma guarda un po', ti ho appena descritto un semplicissimo esperimento e tu già hai delle noie per seguire il filo del ragionamento! Va bene, ti ripeterò l'esperimento. Se la luce del sole batte su di un muro, allora il muro sembra risplendere in ogni direzione, ma con una luminosità poco intensa. Se si appende uno specchio a questo muro e la luce del sole batte sullo specchio, allora da una particolare angolatura lo specchio risulterà più luminoso della superficie del muro, mentre da tutte le altre direzioni risulterà più buio. Pensiamo adesso alla luna. Di notte la luna risplende in varie direzioni, e fu così che Galileo scoprì che la luna non è uno specchio né un cristallo ma è composta da terra e polvere. Dobbiamo sempre a Galileo la scoperta che la luna possiede delle montagne e delle vallate. Adesso si conosce la natura delle macchie nere, ma ai tempi di Galileo, poiché si pensava che la luna fosse di cristallo, non si riusciva a capire cosa fossero queste macchie nere sulla luna. Così anche Galileo volle indagare su queste macchie, e arrivò alla conclusione che se noi vedessimo il globo terrestre dalla luna, la terra apparirebbe lucente e il mare buio, proprio come il nostro specchio sul muro. Dunque, che cosa pensava Galileo che fossero le macchie nere sulla luna?

Oceani ed acqua! Gridò Aaron.

Aveva ragione?

No, sulla luna non c'è acqua, almeno per quello che ne sanno gli scienziati.

Stai bene attento, perché c'è un aspetto curioso nella faccenda. Galileo ripeté l'esperimento con vari specchi e più muri. Come hai potuto vedere si tratta di un esperimento elementare anche se richiede una certa attenzione. Galileo dopo averci riflettuto su, con grande impegno, decise che sulla luna c'erano terre e mari. In parte aveva torto, perché non esiste alcun mare sulla luna, ma certo andò più vicino alla verità lui che non gli altri che avevano pensato che la luna fosse uno specchio. Galileo si costruì anche

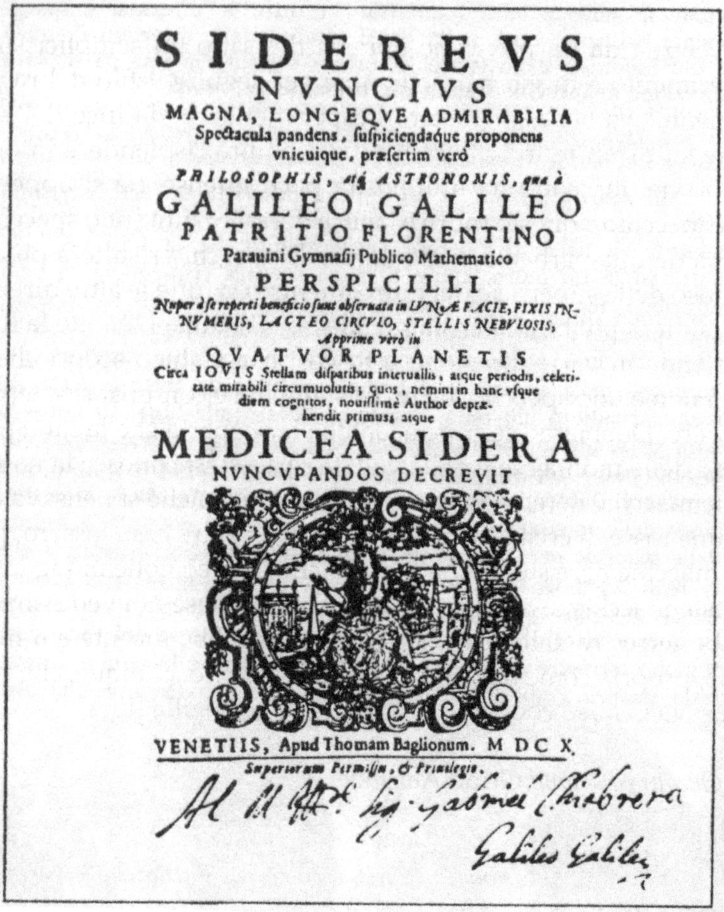

SIDEREVS
NVNCIVS
MAGNA, LONGEQVE ADMIRABILIA
Spectacula pandens, suspiciendaque proponens
vnicuique, præsertim verò
PHILOSOPHIS, atq; ASTRONOMIS, quæ à
GALILEO GALILEO
PATRITIO FLORENTINO
Patauini Gymnasij Publico Mathematico
PERSPICILLI
Nuper à se reperti beneficio sunt obseruata in LVNÆ FACIE, FIXIS IN-
NVMERIS, LACTEO CIRCVLO, STELLIS NEBVLOSIS,
Apprime verò in
QVATVOR PLANETIS
Circa IOVIS Stellam disparibus interuallis, atque periodis, celeri-
tate mirabili circumuolutis; quos, nemini in hanc vsque
diem cognitos, nouissimè Author depræ-
hendit primus; atque
MEDICEA SIDERA
NVNCVPANDOS DECREVIT

VENETIIS, Apud Thomam Baglionum. M DC X.
Superiorum Permissu, & Priuilegio.

Frontespizio della I edizione del* Sidereus Nuncius *di Galileo pubblicato nel 1610.*

In questo libro, Galileo riportò per la prima volta alcune notizie sull'uso del telescopio astronomico.

un telescopio, e fu così il primo uomo ad osservare la luna con questo strumento e vide delle montagne. Che aspetto pensi che abbiano le montagne lunari?

Praticamente lo stesso delle nostre montagne.

Questo è vero solo se possiedi un telescopio molto potente. Con un simile strumento si possono effettivamente vedere le montagne sulla luna, ma il telescopio di Galileo era molto primitivo. Così Galileo non poteva certo osservare direttamente le montagne, ma siccome era molto intelligente riuscì a trovare ugualmente delle prove che ne confermassero l'esistenza. Secondo te, il sole sorge prima sulla cima di un monte o in una vallata?

Sulla vetta.

E nella valle, prima che sorge il sole, non è più buio che sulla montagna dove il sole si è già levato?

È ovvio.

Tu dici: "È ovvio", ma c'è voluto un uomo come Galileo per pensarlo! Se tu sei sulla luna e guardi le nostre montagne e le nostre valli, cosa pensi che ti apparirà prima?

La montagna diverrà luminosa per prima e poi, dopo un po' s'illuminerà anche la vallata.

E prima che la valle acquisti luce mentre le vette dei monti sono già tutte illuminate, come apparirà la vallata?

Buia.

Era proprio questo che aveva in mente Galileo. Diceva che se si osservano le ombre buie sul bordo della luna, accadrà che prima o poi le ombre scompaiono, perché il sole brillerà nella loro direzione: si tratta dunque di vallate lunari. Galileo con l'occhio della sua mente, viaggiò sulla luna, e dopo essersi fermato in una vallata attese il sorgere del sole. Ma non potendo effettuare un viaggio vero e proprio sulla luna, usò il telescopio. Attraverso questo strumento vide una macchia nera scomparire, e ciò bastò a fargli sapere che sulla luna ci sono delle montagne.

Adesso ho capito in che modo Galileo dimostrò che i suoi predecessori non avevano ragionato con chiarezza e per questo avevano commesso una serie di errori. Ma non sarebbe stato suo dovere mostrare ad ognuno in che cosa consisteva l'errore?

Non abbiamo alcun obbligo di avvertire la gente quando commette un errore: tutto sommato non è affare nostro. Ma nell'eventualità che siano gli altri a sollecitare un parere sulle loro idee siamo liberi di rispondere: «Non mi interessa affatto parlarne» oppure se vuoi essere generoso puoi dire: «Penso che lei abbia fatto un piccolo errore, se mi permette glielo correggerò, così la prossima volta farà meglio». Ma tutto questo è vero in una società libera, dove ognuno può ben permettersi di fare degli errori. Se un tuo amico commette uno sbaglio, tu puoi correggerlo, ma se non è un amico non sei tenuto a farlo.

D'accordo, ma se confutare gli errori altrui ti può costare la morte sul rogo, è di vitale importanza convincere gli avversari ad ammettere il proprio torto e a darti ragione.

Non penso di essere d'accordo con te. Sarà ben difficile che della gente capace di bruciare qualcuno si pieghi a riconoscere la giustezza delle tue idee, anche se glielo dimostri in maniera inconfutabile. È evidente che se ti vogliono bruciare non hanno alcuna intenzione di starti a sentire. E le cose ai tempi di Galileo stavano proprio così.

Galileo e il suo telescopio "fatto in casa"

Non avere quest'aria preoccupata, Aaron: Galileo non fu bruciato perché avevano timore di lui, e poi i cattolici non avevano l'abitudine di andare in giro a bruciare il primo che gli capitava sotto mano. I prelati del Collegio Romano non erano degli assassini da strada, erano uomini di cultura che tenevano in gran conto l'astronomia ed i loro esperti furono felici di discutere con Galileo. Egli percorse tutta la strada da Firenze a Roma, pur non essendo più un uomo giovane ed in buona salute, e mostrò loro il telescopio, nonché i risultati delle sue osservazioni ed espose la sua teoria. Riuscì a convincerli, ma non ebbe lo stesso successo con il Papa, e non convinse nemmeno il Cardinal Bellarmino, lo stesso che soltanto dodici o tredici anni prima aveva bruciato Giordano Bruno.

Cos'è che Galileo mostrò loro: forse le montagne sulla luna?

Sì certo. Discusse delle montagne lunari e di molte altre cose che aveva osservato e scoperto, come ad esempio i satelliti o lune di Giove. Sai come si fa a scoprire un satellite di un pianeta?

Dunque, per prima cosa bisogna puntare il telescopio sul pianeta e poi muoverlo adagio e osservare con molta attenzione esternamente lungo i bordi del pianeta.

E cosa vedi? Tutto ciò che puoi vedere sono delle piccole macchie, simili alle stelle, vicino al pianeta. Il problema è come essere certi che queste macchie sono effettivamente le lune di Giove e non delle stelle molto distanti sebbene visibili accanto a Giove.

Galileo mostra il suo telescopio.

Un satellite gira attorno al suo pianeta senza mai fermarsi, quindi osservando questo movimento si può dire quando un corpo celeste è un satellite.

Quale movimento?

Il movimento che lo fa ruotare attorno al pianeta descrivendo un cerchio.

Ma tu non puoi vedere l'orbita compiuta da queste macchie: al massimo puoi osservarne la presenza una volta a destra del pianeta ed una volta a sinistra. La distanza del satellite dal pianeta cambia di continuo ma resta sempre molto piccola, non puoi scoprire il satellite di un pianeta compiendo delle osservazioni a casaccio: devi prima riflettere sul suo moto e poi puntare gli strumenti dove, secondo i tuoi calcoli, dovrebbe apparire.

*Copertina della prima edizione del Dialogo. Massimi Sistemi (*Dialogo sui due Massimi sistemi del Mondo*) di Galileo, pubblicato nel 1632.*

Alla sinistra si possono vedere Aristotele e Tolomeo, alla destra Copernico, che tiene in mano un modello del suo sistema eliocentrico.

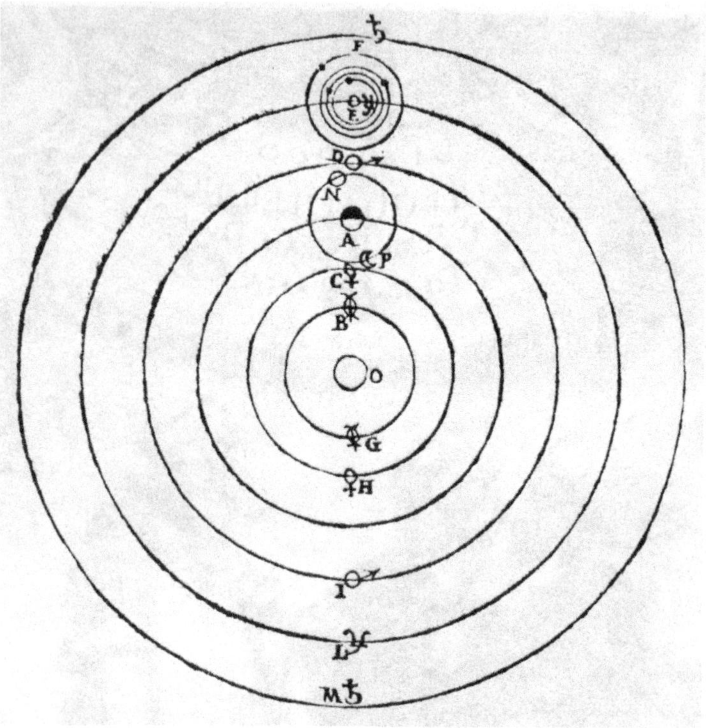

Rappresentazione del modello galileiano dell'universo eliocentrico.
L'immagine di Giove è circondata dai quattro satelliti scoperti da Galileo (dal *Dialogo sui due Massimi sistemi del Mondo* di Galileo).

Non riesco ad afferrare bene questo concetto, confessò con tutta sincerità Aaron.

Sicché, tu non potresti mai scoprire un satellite anche se avessi a disposizione un telescopio potentissimo! Devi prima pensare alla sua possibile orbita e poi verificare la tua supposizione con le osservazioni. Ci si potrebbe chiedere come mai a Galileo era venuto in mente che Giove potesse avere dei satelliti e perché fosse fermamente convinto di poterli osservare direttamente una volta che avesse saputo dove cercarli. Ebbene, tutto deriva dalle montagne lunari.

Prima di Copernico, si credeva che la terra fosse il centro dell'universo, che comprendeva la luna, il sole e le stelle. Questi corpi celesti erano fatti di materia finissima, mentre la terra era fatta di materiale grezzo, cioè fango, tronchi d'albero, pietre e cose simili. Insomma, nel sedicesimo secolo avevano delle idee un po' contradditorie sulla terra e sui corpi celesti, perché sebbene la terra fosse "miserabile" e corruttibile era pur sempre il centro dell'universo, mentre le stelle, fatte di nobili elementi come il fuoco ed il cristallo, erano solo la periferia del sistema. Galileo dimostrò che Copernico aveva ragione, per questo fece vedere che non vi era alcuna differenza tra la terra e la luna; ambedue sono fatte di tronchi, di pietre e materiali del genere. Stando così le cose non c'è alcun motivo di postulare l'assoluta differenza della terra dal resto dell'universo.

Dunque, pensò Galileo, se la terra è simile a tutti gli altri pianeti e possiede una luna, forse anche gli altri pianeti ne hanno. Galileo cercò delle lune in prossimità di Marte ma non ne trovò. Il telescopio di Galileo era così debole che non poteva certo consentirgli di vedere le piccolissime lune di Marte. Ma Galileo fece anche altre grandi scoperte oltre alle lune di Giove. Tu sai che, secondo il sistema copernicano, i pianeti descrivono la loro orbita attorno al sole esattamente come la luna la descrive attorno alla terra?

Sì.

E che la luna deve la sua luminosità al sole?

Certo, la luna riflette la luce del sole.

Esatto. La luna riflette la luce del sole, e per questo sembra avere differenti forme, cioè le fasi lunari. Dapprima c'è la luna piena, poi la mezza luna, poi la luna nuova e poi ancora mezza e quindi luna piena di nuovo. Se il pianeta Venere descrive un'orbita attorno al sole, cioè se è una "luna" del sole, così come ci insegna Copernico, allora è probabile che Venere abbia delle fasi simili a quelle della luna. Forse usando un telescopio si può vedere Venere che muta di forma.

Non ne sono certo, ma mi sembra che tutti i pianeti debbano avere le loro fasi se descrivono un'orbita attorno al sole e riflettono la sua luce.

Esatto. E dobbiamo proprio a Galileo la scoperta delle fasi di Venere. Oggi noi sappiamo che tutti i pianeti hanno le loro fasi, ma queste non erano molto facili da osservare con i telescopi che avevano a disposizione allora. Galileo si rese conto che tutte queste osservazioni erano molto importanti: mostravano, infatti, molto chiaramente, a tutti coloro che erano disposti ad ammettere di avere sbagliato, che Copernico andava preso davvero sul serio. Ma, sebbene gli astronomi della Chiesa Cattolica Romana fossero d'accordo con Galileo, il Papa Paolo V ed il cardinale Bellarmino rimasero ostili. Comunque, Galileo sapeva molto bene che vi erano delle difficoltà insite nella teoria copernicana.

Difficoltà? Quali difficoltà?

Questo ci porta ad esaminare tutt'altro argomento. Ma prima di affrontarlo vorrei che si fosse d'accordo su di una cosa: se avremo in futuro divergenze di opinioni, non costituirà alcuna prova a mio favore l'aver dimostrato il tuo torto. Infatti, potremo aver sbagliato entrambi, non ti pare?

Sì.

Tutte le testimonianze che Galileo addusse, mostrano inequivocabilmente che i suoi oppositori avevano torto, ma allo stesso tempo non costituiscono affatto la dimostrazione dell'esattezza della teoria copernicana. Per far vedere che Copernico aveva ragione, Galileo avrebbe dovuto dimostrare, ammesso che ciò sia possibile, che la teoria copernicana forniva veramente tutte le possibili risposte in maniera chiara e distinta.

Va bene, ma vuoi dirmi in che consistono queste difficoltà?

Ce ne sono parecchie, comunque cercherò di dirtele tutte anche se, ovviamente, per sommi capi. Per prima cosa ricordati che Aristotele aveva detto che la terra è il centro dell'universo. Affermò anche che esistono due tipi di movimento nel mondo: quello perfetto e quello imperfetto. Il cielo, ad esempio è perfetto e tale è anche il movimento dei corpi celesti (la luna, il sole, i pianeti e le stelle) che si muovono di moto circolare. Per Aristotele il moto circolare è perfetto perché l'oggetto in movimento ritorna nello stesso luogo infinite volte. Ma in realtà i pianeti non descrivono delle circonferenze perfette. I successori di Aristotele, ed in particolare l'astronomo Tolomeo, effettuarono tutta una serie di calcoli complicatissimi per ottenere che le orbite dei pianeti descrivessero qualcosa di molto simile ad una circonferenza. Copernico riteneva, invece, che questi calcoli fossero troppo complessi, macchinosi e non sufficientemente semplici. Non era possibile, a suo avviso, che Dio avesse creato il mondo in maniera così ingarbugliata. Era molto più probabile, invece, che Dio avesse imposto ai pianeti di ruotare intorno al sole in maniera tale da ottenere che le loro orbite fossero veramente delle circonferenze perfette. Ma non è affatto così: i pianeti non si muovono attorno al sole con un moto circolare perfetto. Le loro orbite sono quasi circolari, ma non proprio dei circoli esatti.

Così Copernico aveva sbagliato. Ma Galileo lo sapeva?

No, per tutta la sua vita Galileo credette che i pianeti si muovessero in orbite perfettamente circolari. Sapeva bene che quando si osservano i pianeti con molta attenzione, non sembra affatto che si muovano di moto circolare. Tuttavia, Galileo pensava che le osservazioni dessero quel risultato a causa di una erronea valutazione dei dati, e che se si fosse impostato il problema con più correttezza, si sarebbe visto, senza possibilità di equivoco, che i pianeti si muovono di un moto perfettamente circolare. Questo è uno dei punti deboli del copernicanesimo che è stato maggiormente attaccato da tutti i suoi nemici. Ma ci sono altre difficoltà. La più importante è la seguente: se è vero che la terra gira su se stessa come una trottola, allora quando si fa un salto si dovrebbe ricadere a terra lontano dal punto di partenza, perché la terra ha seguito il suo movimento rotatorio anche nell'attimo in cui si sta sospesi in aria. È come se si andasse in automobile: se si salta giù, questa continuerà il suo moto, e quindi il punto d'impatto con il suolo sarà lontano dal mezzo in movimento. Ad esempio: gli uccelli spiccano il volo dal suolo e raggiungono notevoli distanze. Se la terra, dunque, si muovesse davvero di moto rotatorio intorno al proprio asse, stando fermi dovremmo vedere gli uccelli volare via a grande velocità.

Cosa che non è affatto vera.

Sì, non è vero, hai perfettamente ragione. Infatti gli uccelli non scompaiono a tutta velocità dalla nostra vista quando volano in alto. Sapresti dirmi qual è l'errore che si trova in questo ragionamento?

Forse perché l'atmosfera ruotando insieme alla terra si porta gli uccelli con sé.

Questa è senza dubbio una spiegazione possibile. Gli uccelli, infatti, mantengono la loro posizione relativa alla terra anche quando stanno volando molto in alto perché occupano un posto nell'atmosfera che ruota all'unisono con la terra. Ma quando gli uomini oltrepassano l'atmosfera, ad esempio come gli astronauti che sono andati sulla luna, cosa troveranno al di là di questa barriera?

Niente altro che puro spazio, anche se potrebbero finire su di un altro pianeta spingendosi sufficientemente lontano.

Sì, certo, puro spazio. Ma Copernico non conosceva il vuoto: solo Galileo aveva cominciato a postularne l'esistenza. In effetti queste difficoltà della teoria copernicana scompaiono se si ammette che tra un pianeta e l'altro c'è solo il vuoto e che l'atmosfera si muove insieme alla terra. Prendiamo ora in considerazione un'altra difficoltà connessa al rapido movimento rotatorio della terra. Se si lascia cadere un sasso da un'altura, dato l'intervallo di tempo che si impiega a toccare il suolo, non si dovrebbe verificare che il punto d'impatto si trovi lievemente spostato all'indietro rispetto alla perpendicolare tracciata dal punto di lancio al suolo sottostante?

Sì.

Galileo dimostrò che le cose non stavano affatto così. Scoprì, infatti, l'inerzia. Galileo si rese conto che il sasso lasciato cadere si muove insieme alla terra. Il sasso si trova, infatti, già in movimento (a causa del moto terrestre) ancor prima della sua caduta, ed è ovvio che tale movimento non si interrompa durante la precipitazione. Ma torneremo su questo argomento un'altra volta, per ora forse è meglio riassumere in termini generali quello che abbiamo discusso oggi.

Galileo spiegò molti fenomeni, e dimostrò inequivocabilmente che i suoi avversari avevano torto. Il mondo si comporta proprio come aveva detto Copernico: la luna è come la terra ed ha persino le sue montagne. Se ciò non bastasse, alcuni pianeti posseggono dei satelliti ed altri hanno delle fasi proprio come se fossero a loro volta delle lune che ruotano attorno al sole. Ma, malgrado questi successi, il sistema copernicano presenta alcune difficoltà: le orbite descritte dai pianeti non sono dei cerchi perfetti, la caduta dei gravi, malgrado il movimento della terra, non presenta alcun fenomeno di sfasamento all'indietro. Galileo fu un uomo di grande coraggio morale e non esitò ad additare i punti oscuri della teoria, e su alcuni riuscì lui stesso a far luce, come nel caso della caduta dei gravi. Non diede invece sufficiente peso al problema delle orbite dei pianeti: come già ti ho accennato, per tutta la sua vita restò fedele all'ipotesi che tali orbite fossero dei cerchi perfetti. Questo errore della teoria copernicana fu corretto in seguito da un altro grande scienziato del sedicesimo secolo, Giovanni Keplero, ma di questo parleremo con più calma un altro giorno. Per adesso vorrei sottolineare il grande coraggio e l'onestà di Galileo, che pur essendosi battuto con tutte le sue forze a favore della teoria copernicana, non esitò ad additarne anche i difetti ed a correggerne in parte gli errori. Questo atteggiamento è molto positivo, perché più uno scienziato analizza i punti deboli della sua teoria, più ha la possibilità di scoprirne gli errori e migliorare così la teoria.

Grazie a Galileo dunque s'incominciò a mettere in discussione la teoria fisica di Aristotele. Ma l'aver smosso le acque non significò affatto di aver partita vinta sugli avversari, che condizionarono pesantemente sia Galileo che gli altri copernicani con i loro ragionamenti: «Non ha alcuna importanza se noi aristotelici abbiamo torto o ragione. Se volete davvero che noi vi diamo ascolto siete voi a dovere i dimostrare inequivocabilmente l'esattezza della vostra teoria». Galileo cercò allora di dimostrare che la ragione assoluta stava dalla sua parte commettendo così il suo più grosso errore. Infatti, benché Galileo fosse pienamente conscio che nessuno è infallibile, fu talmente pressato dai suoi avversari che cominciò a sperare addirittura che un giorno la verità sarebbe stata trovata definitivamente e che mai più si sarebbero commessi errori di sorta. Ma noi avremo modo di farci una bella chiacchierata sia sulle difficoltà che Galileo e Keplero riuscirono a contestare ai loro avversari, sia sui loro errori. A proposito, perché mai dovremo accordar loro fiducia se sappiamo che hanno commesso degli errori?

5. Venerdì

Il satellite artificiale

Oggi vorrei parlarti di come Galileo, riflettendo su alcune difficoltà del copernicanesimo, arrivò a progettare un vero e proprio satellite artificiale. Dunque, Galileo era convinto che i pianeti si muovessero intorno al sole descrivendo delle orbite perfettamente circolari, ma noi sappiamo che queste orbite in realtà non sono circonferenze perfette ma solo delle buone approssimazioni.

Bella scoperta! Ma è ovvio che niente è perfetto.

Beh, in effetti oggi sarebbero in molti a darti ragione e forse avresti trovato parecchi consensi anche ai tempi di Galileo, ma una cosa è certa: né Galileo né Keplero sarebbero stati d'accordo. Intendiamoci, Galileo e il suo amico Keplero non contestavano certo l'imperfezione della natura umana, ma questo non significa un bel niente in quanto il "libro della natura" non è stato scritto da mano umana bensì da Dio, che è appunto, essere perfettissimo. Quindi la natura deve essere perfetta come il suo creatore, perciò se troviamo dei piccoli errori nelle nostre teorie, dobbiamo fare a di tutto per correggerli, migliorando così la teoria e facendola combaciare perfettamente alla realtà delle cose.

Ma forse dovrei dirti qualche cosa di più su Giovanni Keplero, il matematico ed astronomo tedesco amico di Galileo. Keplero era un uomo dalla grande sensibilità religiosa ed aveva aderito alla teoria di Copernico proprio perché riteneva molto interessante l'idea del sole centro dell'universo in quanto simbolo di Dio.

Keplero era dunque perfettamente d'accordo con la teoria copernicana, al punto che una volta ebbe a dire: «Ho sentito nel più profondo della mia anima che si tratta di una teoria vera e perciò l'ho contemplata in tutta la sua bellezza con un piacere incredibile e violento». Keplero era assolutamente certo che i pianeti non possono che descrivere orbite circolari. Fin da giovane Keplero, pur non possedendo ancora un'assoluta padronanza dei concetti matematici, aveva già la ferrea convinzione che il libro della natura non potesse che essere perfetto e che la matematica fosse il mezzo migliore per esprimere tale perfezione. Alla luce di tali convinzioni incominciò ad occuparsi di matematica con un tale impegno da diventare ben presto uno dei maggiori matematici del mondo. Malgrado ciò, anche Keplero scrisse dei libri che contenevano degli errori. Sulle prime non ritenne opportuno attribuire gran peso a questi errori, imbrogliando un po' la sua coscienza, ma in seguito riconsiderò la faccenda con più attenzione, e partendo dalla presa di coscienza degli errori commessi, scrisse una nuova e più esatta versione della teoria.

Keplero si servì dei risultati ottenuti nel corso di attente osservazioni astronomiche (alcune erano state fatte in precedenza dal suo maestro e collega Tycho Brahe) ed eseguì i calcoli in modo esattissimo. Ottenne così delle circonferenze molto ma molto più esatte di quelle ottenute in precedenza e cercò di verificarle con l'osservazione. Keplero era un grande matematico ed ottenne dei risultati notevoli e molto accurati, molto più di quanto avesse mai fatto nessun altro scienziato prima di lui, ciò nonostante non si reputò ancora soddisfatto.

Perché no?

Perché era fermamente convinto che malgrado tutto ci fosse un errore se pur piccolissimo. Prima di lui non erano mai stati eseguiti calcoli con una approssimazione maggiore di un angolo di dieci primi di grado. Tu ben sai cos'è un grado: è l'angolo che si ottiene dividendo in 360 parti uguali l'angolo giro. Un grado è effettivamente molto piccolo, ma si può dividerlo ancora ulteriormente: la sua sessantesima parte è un primo. Un primo è talmente piccolo che per poterlo vedere bisogna operare la divisione su di una circonferenza enorme, perché, in una di dimensioni normali, si riesce appena a distinguere un grado. Prima di Keplero nessuno

Giovanni Keplero, 1571-1630.

Tycho Brahe (1546-1601) nel suo osservatorio pieno di strumenti astronomici.

aveva eseguito calcoli con una approssimazione maggiore di dieci primi, ma Keplero voleva essere ancora più esatto. Ottenne dei risultati approssimando ad *otto* primi, ma non per questo si ritenne soddisfatto. Per la prima volta nella storia, qualcuno desiderava delle circonferenze perfette, e benché si avvicinasse sempre di più a questo obiettivo, fino a sfiorare quasi il limite delle umane possibilità, non si dava pace perché ciò che cercava non era un'approssimazione più o meno buona, ma la perfezione assoluta. Galileo e Keplero concordavano dunque su una cosa: non importa quanto piccolo sia l'errore, questo è pur sempre un errore.

Galileo, che aveva preso in esame con tanta cura un così gran numero di questioni, non si era occupato in maniera particolare alle circonferenze: a questa mancanza supplì Keplero. Con questo non vogliamo affatto biasimare la scelta di Galileo: aveva già sufficiente lavoro da svolgere, e d'altro lato il compito che si accollò Keplero non fu semplice nemmeno per un matematico della sua statura. Galileo preferì sempre chiudere un occhio su questo argomento ed anche Keplero, all'inizio, stentò a prenderne coscienza, ma a poco a poco cambiò atteggiamento e divenne tanto preciso da poter affermare che l'ipotesi della circonferenza non funzionava. Fu cioè il primo uomo della storia ad asserire che i pianeti non descrivono orbite circolari.

Vuoi dire che non descrivono delle circonferenze perfette, aggiunse Aaron.

No, non è questo che volevo dire. Già altri sapevano che le orbite descritte dai pianeti non sono circonferenze perfette; se Keplero si fosse limitato a questa constatazione, dunque, non avrebbe certo detto niente di nuovo. Ma la sua idea fu ben altra: si chiese che senso può avere fondare una teoria su delle "circonferenze non perfette", infatti una circonferenza o è perfetta o non è una circonferenza. Questa fu la grande scoperta di Keplero. Naturalmente dovette lavorare a lungo sui suoi calcoli per dimostrare che i risultati delle osservazioni non davano affatto delle circonferenze, ma l'implicazione logica che stava alla base della sua grande idea era quanto mai elementare. Ciò che non è una circonferenza perfetta non è nemmeno una circonferenza.

Se per Keplero le orbite non erano delle circonferenze, che cos'erano allora?

Ritenne di trovarsi di fronte a delle ellissi. Una ellisse è una circonferenza un po' schiacciata, quel tanto che basta per conferirle un aspetto ovoidale, pur non potendosi definire esattamente uguale ad un uovo, poiché le estremità di un'ellisse sono identiche, mentre quelle di un uovo sono una più grande dell'altra. Puoi ottenere il disegno di un'ellisse con l'ausilio di una cordicella, due spilli ed una matita. Basta fissare su di un foglio di carta le due estremità del cordoncino con uno spillo e porre l'altro in

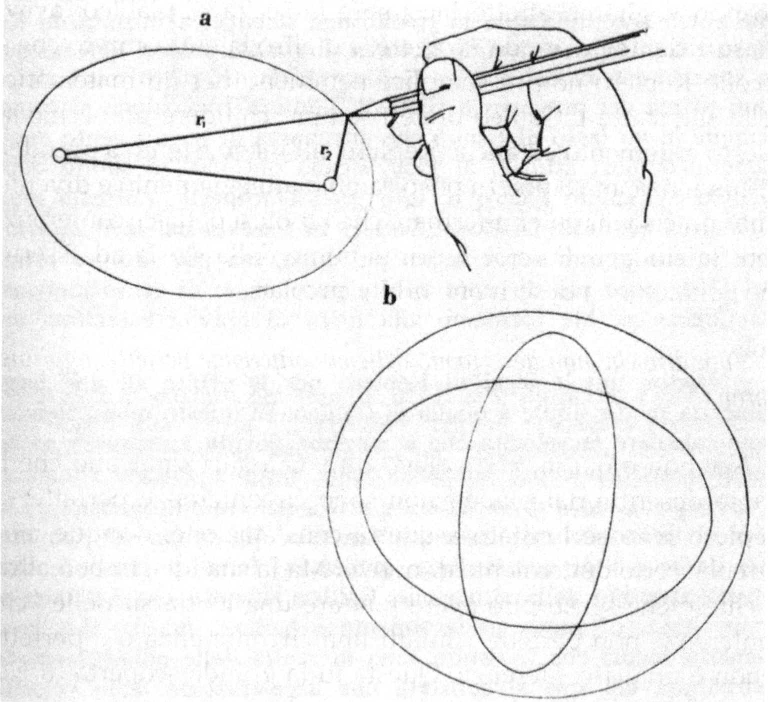

Disegno di un'ellisse.

(*a*): distanza di un qualsiasi punto dell'ellisse dal fuoco (r_1) sommata alla distanza del medesimo punto dal fuoco (r_2) è una costante. (*b*): più vicini sono i due fuochi più l'ellisse sembra una circonferenza.

maniera tale che la distanza tra i due punti risulti minore della metà dello spago cosicché nella parte superiore resta una certa lentezza, che consente alla matita di tracciare l'ellisse spingendo tutto attorno ai due punti fissi il cordoncino. Questi punti fissati dalle due spille sono detti i "fuochi" dell'ellisse. È facile osservare che più la distanza tra i due fuochi diminuisce, più l'ellisse sembra una circonferenza. Secondo Keplero le orbite dei pianeti sono molto simili ad una circonferenza, ma sono sempre delle ellissi i cui fuochi si trovano molto vicini uno all'altro.

Il sole si trova al centro dell'ellisse?

Niente affatto, Keplero ci dice che il sole occupa uno dei due fuochi dell'ellisse. Ma il suo contributo non si ferma qui, ci dice anche cose molto interessanti sulla velocità dei pianeti.

Ovviamente, quando si pensava che i pianeti si muovessero di moto circolare si credeva anche che la loro velocità fosse costante nel tempo. Keplero dimostrò che ciò è falso. Infatti pensò: se il pianeta descrive un'ellisse ed il sole è uno dei fuochi, allora, il pianeta si trova ad essere qualche volta più vicino al sole e qualche volta più lontano. Quando pensi che il pianeta si muove più veloce, quando è vicino o quando è lontano dal sole?

Quando il pianeta è più vicino, perché la forza di gravità del sole agisce con più forza.

Giusto. Ma a questo punto la situazione si fa complessa e un pochino oscura. Keplero non conosceva la forza di gravità esercitata dal sole. Scrisse qualche cosa su questo fenomeno, ma commise parecchi errori per il fatto che non si sentiva molto attratto dall'argomento. Fu lo scienziato inglese Isaac Newton, che portò a compimento la rivoluzione scientifica iniziata da Keplero e Galileo, descrivendo la forza di gravità solare. Egli nacque lo stesso anno in cui moriva Galileo (1642). (Keplero morì alcuni anni prima del processo a Galileo). L'intera rivoluzione si compì dunque in un lasso di tempo che oltrepassa di poco i cento anni: Copernico morì attorno al 1550, Bruno nel 1600, e subito dopo Galileo e Keplero fecero le loro grandi scoperte. Cartesio morì all'incirca

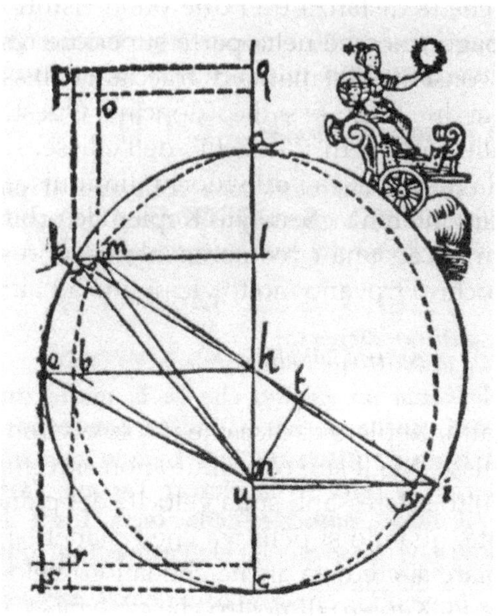

La dimostrazione fatta da Keplero dell'ellitticità dell'orbita di Marte.
Se il sole occupa uno dei fuochi *n* dell'ellisse (linea tratteggiata) e il pianeta Marte si trova in *m*, allora il raggio *nm* descrive aree uguali in tempi uguali (dall'*Astronomia Nuova* di Keplero, pubblicata nel 1609).

nel 1650. La Royal Society fu fondata nel 1660. Newton fece le sue grandi scoperte un po' dopo, ma pur sempre prima del 1700: poco più di cento anni e poco meno di centocinquanta da Copernico. Ma torniamo alla forza di gravità esercitata dal sole.

Newton unì le leggi di Keplero per le orbite ad una legge d'inerzia molto simile a quella di Galileo. In questo modo Newton poté calcolare la velocità che si sarebbe dovuta imprimere ad un satellite artificiale per lanciarlo nello spazio e farcelo rimanere.

Tuttavia, l'idea di un satellite artificiale era già balenata a Galileo al tempo del suo lavoro sull'inerzia. Ma prima di occuparci più da vicino di questa legge galileiana, forse ci conviene fare un po' il punto della situazione. Galileo riteneva che i pianeti si muovessero di moto perfettamente circolare, ma si sbagliava. Keplero scoprì che le orbite sono in realtà delle ellissi e che in prossimità del sole si constata una accelerazione della velocità dei pianeti, accelerazione che decresce all'aumentare della distanza, secondo la linea di curvatura dell'ellisse. Parallelamente Galileo scoprì la sua legge d'inerzia, dando un notevole contributo alla chiarificazione di alcune difficoltà del copernicanesimo.

Parlami dei satelliti artificiali, ti prego, non voglio aspettare oltre.

Prima di parlare dei satelliti artificiali, direi che è bene dare un'occhiata alla teoria di Aristotele, perché se questa avesse continuato a possedere la supremazia nel campo scientifico, per noi oggi non ci sarebbe stata, non dico la possibilità effettiva di costruire un satellite artificiale, ma nemmeno quella di sognarcelo la notte. Ti ricordi che avevamo già accennato alla teoria aristotelica secondo cui i corpi celesti si muovono tutti di moto circolare uniforme? E che la luna occupa il posto più basso nella gerarchia celeste, ma è il primo dei corpi perfetti essendo fatta di cristallo?

Sì certo, ma era tutto sbagliato.

Esatto. Fu infatti Galileo che corresse quest'idea, ma per Aristotele le cose non stavano così: la luna è perfetta mentre tutto ciò che si trova sotto di lei è imperfetto. Inoltre gli oggetti sottostanti alla luna giacciono tutti nel loro luogo naturale.

Che cos'è il luogo naturale?

Aristotele credeva che ogni cosa occupasse il posto a lei assegnato da Dio, e definiva questo posto come il suo luogo naturale.
Se si priva un oggetto del suo luogo naturale, questo tenderà a ritornarvi.

Come un gattino disperso!

Sì, proprio come un gattino che ce la mette tutta per ritrovare la sua casa, anche se normalmente non conosce affatto la strada. Per Aristotele esistevano nel mondo quattro elementi o generi di materia: la terra (o la pietra), l'acqua, l'aria e il fuoco. Riteneva che il luogo naturale della terra fosse il centro del mondo, che sopra vi fosse quello dell'acqua, poi quello dell'aria, ed in fine quello del fuoco.

A occhio e croce questa teoria sembra del tutto sballata. Non esiste la combustione in assenza di aria.

Questo è vero, non esiste fuoco al di là dell'atmosfera, ma ignoriamo per un attimo questa difficoltà, anche se su quest'argomento Aristotele aveva torto. Sai come, secondo la sua teoria, veniva spiegata la caduta dei gravi?

Non saprei.

Dunque le pietre, come abbiamo detto, "vorrebbero" stare al centro della terra. Ora, se solleviamo una pietra questa si allontana dal suo luogo naturale. Orbene, come sappiamo, quando qualche cosa è lontana dal suo luogo naturale vi tende con tutte le sue forze: ecco, dunque, perché le pietre cadono.

Ma io ho sempre creduto che le pietre cadessero a causa della forza di gravità.

Certo, la caduta dei corpi è dovuta alla gravità, ma "gravità" è solo un altro modo per dire "pesantezza": le pietre cadono perché hanno peso. L'intenzione di Aristotele era, però, quella di spiegare il *perché* di questo peso, e così giunse alla conclusione che le pietre sono pesanti perché ciò consente loro di tornare al luogo naturale.

L'aria al contrario tende verso l'alto; quale sarà il motivo di questo fenomeno? Anche in questo caso, l'aria tende al suo luogo naturale che è appunto in alto. Dunque, per Aristotele solo i corpi perfetti e di natura celeste si possono muovere di moto circolare; i corpi terreni, invece, si muovono sempre di moto *rettilineo* (nella misura in cui ciò sia possibile) in maniera da tendere al loro luogo naturale. Galileo reputava la teoria aristotelica dei luoghi naturali priva di alcun fondamento. Si chiese se non fosse

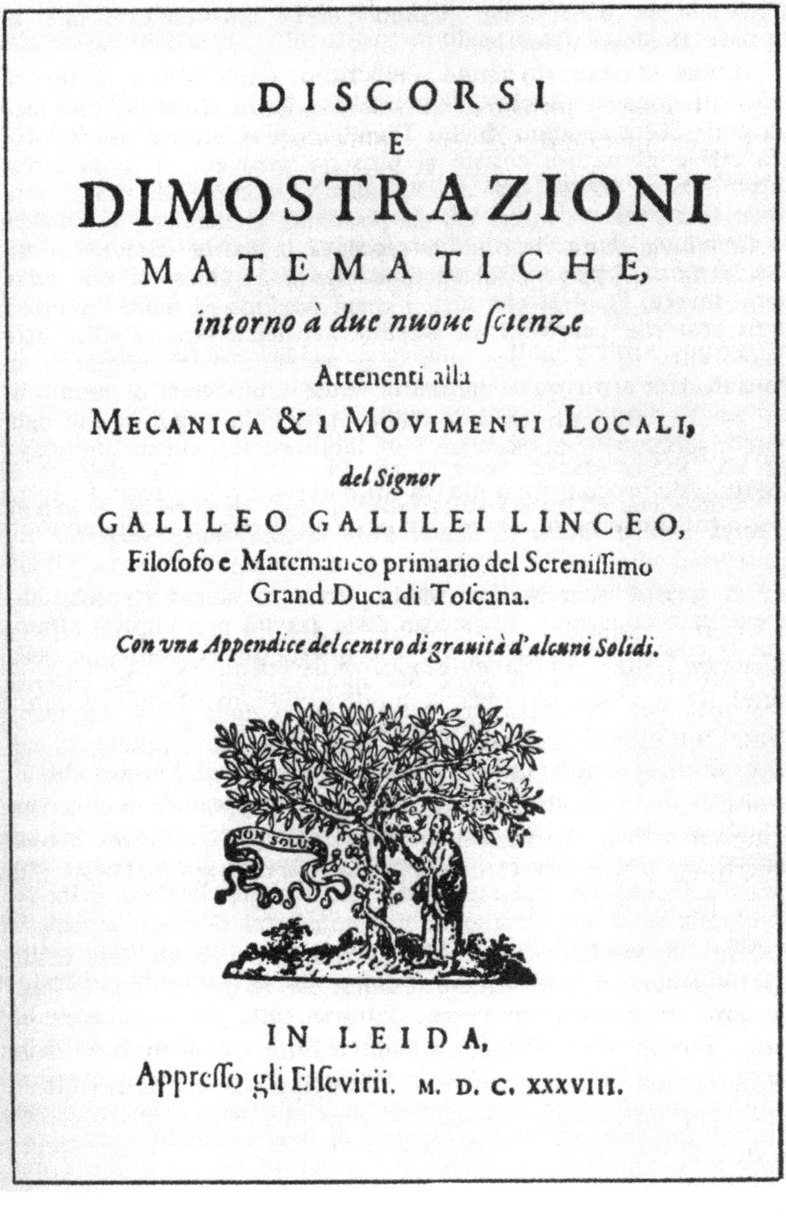

DISCORSI
E
DIMOSTRAZIONI
MATEMATICHE,
intorno à due nuoue ſcienze
Attenenti alla
MECANICA & I MOVIMENTI LOCALI,
del Signor
GALILEO GALILEI LINCEO,
Filoſofo e Matematico primario del Sereniſſimo
Grand Duca di Toſcana.
Con una Appendice del centro di grauità d'alcuni Solidi.

IN LEIDA,
Appreſſo gli Elſevirii. M. D. C. XXXVIII.

Frontespizio della prima edizione dei Discorsi e Dimostrazioni Matematiche intorno a due Nuove Scienze *(Meccanica e moti periferici dei corpi) di Galileo pubblicato nel 1638.*

vera, invece, l'ipotesi che tutti i corpi tendono al moto circolare, e fu così che pensò ad un satellite artificiale. Un satellite artificiale altro non è se non una luna costruita dagli uomini, e, al pari di ogni altro corpo terrestre, tende a muoversi di moto circolare. La legge d'inerzia di Galileo stabilisce appunto che ogni corpo, lasciato a sé, si muove di moto perfettamente circolare.

Com'è che allora è venuta fuori la legge di gravità? E perché i corpi non si muovono descrivendo circonferenze perfette?

A questo interrogativo Galileo dava la stessa risposta che aveva dato Copernico: l'esistenza della gravità non implica affatto che le cose abbiano un peso e che questa sia responsabile della loro attrazione verso la terra, ma significa piuttosto che sussiste una reciproca attrazione tra tutte le parti della terra. La terra, presa tutt'insieme non ha alcun peso ed a ciò si deve il suo moto attorno al sole. Galileo, insieme a Copernico pensava che gli elementi di cui è formato il mondo appartenessero a due sole grandi categorie: quella del piccolo e quella del grande. Gli oggetti appartenenti alla prima avevano l'impulso di unirsi tra loro, qualora l'occasione fosse propizia, mentre gli elementi della seconda classe si muovevano di un moto perfettamente circolare.

Quindi, secondo Galileo, per ottenere che un satellite artificiale si muova di moto rotatorio, senza che le materie che lo compongono si desintegrino perché attratte dalla forza terrestre bisogna, innanzi tutto, riuscire a mantenerlo a debita distanza dalla terra. Infatti fino a che rimane nell'area di attrazione terrestre, tende a tornare sulla terra. Insomma Galileo non credeva ai luoghi naturali, ma avvalorava l'ipotesi di una "famiglia naturale": l'intera famiglia può muoversi in circolo ed ogni membro tende a rientrare in seno alla sua famiglia dovunque si trovi. Aristotele aveva detto che i corpi pesanti precipitavano più in fretta di quelli con minor peso, ma Galileo dimostrò che Aristotele anche in questo caso aveva torto. Dimmi, le piume ed i sassi cadono alla stessa velocità?

No. Quando si lascia cadere una piuma, questa non precipita ma scende lentamente nell'aria.

Perché cadono lentamente? Perché sono leggere o perché c'è qualche cosa nell'aria che impedisce loro di precipitare? Ci sono cose molto pesanti che tuttavia scendono al suolo lentamente. Cosa faresti per non far precipitare velocemente al suolo un corpo pesante?

Lo aggancerei ad un paracadute.

Bene, e non ti sembra che una piuma sfrutti lo stesso principio del paracadute? Se delle piume vengono compresse insieme in maniera da formare una pallottolina, questa cadrà più in fretta. Se poi, metti una piuma in un tubo dove è stato fatto il vuoto, questa precipiterà in un tempo ancora minore, non ti pare?

Sì, certo.

Questo è un esperimento ideato da Robert Boyle nel 1660. Prese una piuma ed una biglia e le mise entrambe in un tubo, poi aspirò l'aria con una pompa creando così il vuoto e quindi capovolse il tubo. La piuma e la biglia toccarono il fondo del tubo quasi contemporaneamente, ma non proprio allo stesso istante perché Boyle non poteva ancora ottenere un vuoto assoluto con i mezzi che aveva a disposizione. Comunque sia, questo dimostra che Galileo aveva ragione: quando non incontrano la resistenza dell'aria, tutti i corpi cadono con la stessa velocità. Man mano che cadono la loro velocità aumenta sempre più, ma il valore di questa accelerazione è uguale per tutti i corpi. Questa è la legge di gravità di Galileo.

Oggi la legge di gravità è nota a moltissima gente.

Sì, ma su tale argomento la gente ha ancora spesso e volentieri idee confuse. Per esempio c'è ancora tanta gente pronta a giurare che la piuma o la carta cadono al suolo dolcemente perché sono leggere. Con la carta si può fare un esperimento facile facile: si prende un foglio di carta, con questo si fa una bella palla e poi la si lascia cadere. È facile osservare che la carta così accartocciata non cade più tanto lentamente. Nessuno può mettere in dubbio che il foglio di carta ha sempre lo stesso peso, sia liscio e sia appallottolato, non ti pare? Eppure spesso la gente se ne dimentica. Anche Galileo effettuava i suoi esperimenti con l'aiuto di cose semplici, che tutti conoscevano, eppure otteneva risultati che erano l'opposto del senso comune. Per esempio, Galileo diceva che pezzetti di legno, pietre, piume e fogli di carta cadono tutti alla stessa velocità una volta eliminato l'effetto dell'aria, e che la loro velocità aumenta in maniera direttamente proporzionale dalla distanza dal suolo. Galileo a questo proposito ebbe un'idea molto semplice e te ne vorrei parlare un attimino prima di affrontare l'argomento del satellite artificiale come ti ho promesso. Come ben sai, se poni un corpo sopra un piano orizzontale, questo resta fermo, né si muove né cade al suolo. Ma se si inclina il piano, il corpo abbandona il suo stato di quiete e comincia a scivolare, anzi, se la sua forma è rotonda, rotolerà addirittura. Orbene, consideriamo un attimo una biglia che rotola su di un piano inclinato: maggiore sarà la pendenza tanto più la biglia rotolerà velocemente. Sei d'accordo?

Sì.

Se il piano è inclinato solo un pochino, l'incremento dell'accelerazione sarà assai modesto, cioè la velocità resterà pressappoco costante. Invece, più il piano è inclinato più grande è l'accelerazione. Se il piano è orizzontale l'accelerazione non c'è affatto e la velocità resta costante. Quindi su di un piano orizzontale, opportunamente levigato, una biglia dovrebbe rotolare all'infinito. Perché mai questo non avviene? Perché esiste sempre l'attrito che la frena. Adesso rifletti un attimo: una linea orizzontale tracciata tutt'intorno alla terra diviene una circonferenza, perciò...

Se tu avessi un piano orizzontale che gira tutt'intorno alla terra, la biglia rotolerebbe in eterno proprio come un satellite!

Esatto. Per Galileo si potrebbe ottenere un satellite che ruota ad una distanza molto ravvicinata alla terra se solo si potesse disporre di un piano perfettamente liscio ed orizzontale tutto attorno alla terra. Ma in realtà un simile "piano" è difficile da ottenere, sicché Galileo pensò che si sarebbe dovuto proiettare l'oggetto ad una distanza tale da sfuggire al campo di gravitazione terrestre. Se si è in grado di fare questo, il corpo una volta lanciato si muove naturalmente di moto circolare.

Dunque Galileo aveva già sufficienti idee per costruire un satellite artificiale, ma come ben sai, perché questo progetto si concretizzi ci vorrà ancora molto tempo.

La gravità: è più o meno la stessa dovunque?

Oggi parleremo dell'errore commesso da Galileo nell'enunciare la sua teoria sui satelliti. Si tratta di un errore che tu stesso potrai scoprire, proprio come fece lo scienziato francese Marin Mersenne nel diciasettesimo secolo. Secondo Galileo, l'accelerazione gravitazionale è sempre la stessa per tutti i corpi e in qualsiasi luogo della terra. Tieni presente, inoltre, che per Galileo la terra è simile alla luna. Dunque anche l'accelerazione gravitazionale sulla luna sarà costante in ogni punto della sua superficie. Mersenne che era un uomo dotato di notevole fantasia, immaginò di lanciare un sasso dalla terra alla luna. Quando il sasso, descrivendo la sua traiettoria, non si è ancora allontanato troppo dalla terra, viene attratto dalla massa terrestre verso cui tende secondo una certa accelerazione, ma quando la traiettoria supera il campo d'influenza terrestre e si approssima alla luna, il sasso tenderà verso di questa con una velocità proporzionale alla forza di attrazione lunare. Mersenne, allora si chiese: dove sarà la linea che divide le due forze di accelerazione gravitazionale? Come può essere che fino ad un certo punto la pietra subisce una forza di gravitazione orientata in un verso e da quel punto in poi avviene che la forza resta la stessa ma di segno contrario? Mersenne pensò che un'ipotesi del genere non aveva molto senso! Probabilmente, si disse, le cose stanno invece in questi termini: la forza di gravità che la terra esercita nel sasso decresce in maniera direttamente proporzionale alla distanza fino ad assumere un valore nullo, dopo di che il fattore numerico che esprime tale for-

Marin Mersenne, 1588-1648.

za di gravità ricomincia a salire e subisce un incremento sempre maggiore a mano a mano che diminuisce la distanza del sasso dalla luna, ed è per questo che tracciando un grafico si riscontra che la direzione della forza subisce un'inversione di rotta così netta e precisa.

Certo che bisognerebbe far uso di un cannone o di una catapulta molto potente per lanciare un sasso così lontano!

Evidente, tuttavia l'importanza di questo esperimento non consiste certo nella concreta possibilità di effettuarlo, ma piuttosto nella chiarezza con cui si affronta il problema. Questo genere di esperimento, che fu inventato da Galileo, ha una notevole importanza in campo scientifico e viene definito esperimento concettuale.

Esperimento concettuale?

Sì, proprio così. Noi abbiamo già detto che l'esperimento di per sé conta poco se non è suffragato da un'adeguata riflessione. Ci sono tanti esperimenti che non si possono effettuare concretamente, ma che bisogna invece immaginare con molta attenzione per ottenere ugualmente i dati che ci occorrono. Gli esperimenti concettuali per solito mostrano con estrema chiarezza dove s'annida l'errore.

Trecento anni fa nessuno era in grado di lanciare una pietra sulla luna ma niente impediva loro di immaginare questo esperimento, e così con il solo ausilio del ragionamento, riuscirono a capire che c'era un errore nella teoria di Galileo. Infatti l'idea secondo cui la forza di gravità esercitata dalla terra su di un sasso resta costante fino a raggiungere un certo limite sul quale si arresta di colpo per poi muoversi, all'improvviso, verso la luna, è inaccettabile. Normalmente una cosa non muta il suo stato in maniera così repentina, costatando questo fatto cominciò a prendere corpo l'ipotesi di un cambiamento graduale della forza di gravità.

Oggi noi sappiamo che Mersenne aveva ragione. Più vicini si è alla terra, più forte è la forza di gravità, proprio come all'inverso, maggiore è la distanza minore è la forza. Quando un razzo viene lanciato, la spinta che gli è stata impressa contrasta la forza di gravità, e per fare questo il razzo consuma in continuo il suo carburante. A mano a mano che il razzo si avvicina alla luna, la forza di gravità esercitata dalla terra diminuisce fino a che quella lunare non ne annulla l'effetto facendo sì che il razzo precipiti sulla luna.

Galileo affermava, come già sappiamo, che gli oggetti in prossimità della terra vi precipitano con un'accelerazione costante, mentre gli stessi oggetti ad una distanza maggiore si trasformano in satelliti. Per Galileo, dunque, gli oggetti si dividono in due distinte categorie: quelli che precipitano e quelli che diventano satelliti. Isacco Newton, uno dei più grandi scienziati del diciassettesimo secolo e forse di tutti i tempi, costruì un'unica teoria generale della gravità, una teoria capace di esprimere allo stesso tempo i fenomeni astronomici, i satelliti ed i corpi che cadono. La teoria newtoniana spiega per quale ragione una pietra cade al suolo, perché un razzo può trasformarsi in un satellite, perché la luna è un satellite della terra e perché la terra è un satellite del sole. Newton riuscì anche a spiegare il fenomeno delle maree. Tu sai quando si ha l'alta marea e quando la bassa marea?

Sì certo. Si ha l'alta marea quando l'acqua diviene così alta da coprire la costa, mentre durante la bassa marea l'acqua sembra risucchiata dall'oceano.

Sai dirmi quante maree si hanno normalmente in una giornata?

No.

Ci sono due maree al giorno. E sai quando l'alta marea ha la sua fase maggiore?

Sarei propenso a credere che questo fenomeno non avviene molto spesso.

Infatti, si verifica circa una volta al mese. La marea comincia ad alzarsi sempre più a mano a mano che la luna si avvicina alla terra. Sai dirmi il perché di questo fatto?

No, perché?

Ciò è dovuto al fatto che l'acqua del mare subisce una maggiore forza di gravità da parte della luna.

Ma tutto questo è abbastanza strano.

Sì, ne convengo: a prima vista non si supporrebbe mai che la gravità agisca fra due corpi così distanti come la terra e la luna. Secondo te le pietre gravitano verso la luna?

No.

Ed invece sì, soltanto che non si nota. Il mare, invece, essendo formato da una gran massa d'acqua, mostra chiaramente l'effetto della forza di gravità lunare. I pescatori da sempre avevano messo in relazione la alte maree con la luna, ma fu Newton che per primo spiegò questo fenomeno in maniera scientifica mettendolo in relazione con la forza di gravità che la luna esercita sugli oceani.

E se la luna divenisse così vicina alla terra che tutta la nostra acqua fosse proiettata su di lei?

No, questo non si può verificare perché la luna non può avvicinarsi più di tanto.

Newton ed i suoi allievi hanno calcolato il movimento dei pianeti con una precisione estrema, ottenendo così i risultati più esatti di tutta la storia della scienza. Calcolarono le maree, ed anche la differenza di gravità che si riscontra tra i corpi più prossimi al centro della terra e quelli più lontani. La teoria newtoniana è una delle più complete teorie della storia del pensiero umano, perché la si può applicare indifferentemente ad ogni genere di cosa che è nell'universo: serve a misurare la distanza delle stelle dal sole e dai pianeti e al tempo stesso si può impiegare per studiare la caduta di un pezzo di legno, di una pietra, di una piuma e di ogni altra cosa.

La scienza contro la superstizione

Abbiamo già detto come la gente, anche quella più semplice, fosse d'accordo nel credere che la luna eserciti una certa influenza sulle maree. Galileo, invece, non era affatto di questo parere, anzi per dirla tutta, non era mai molto d'accordo con nessun principio che godesse di troppi consensi popolari.

E perché mai?

Cercherò di spiegarti in due parole perché Galileo non gradiva affatto che le credenze popolari avessero il loro peso nella scienza e quali erano invece le teorie che considerava consone al pensiero. Il nostro concetto di scienza si è notevolmente modificato da quello che poteva essere il pensiero galileiano, proprio ad opera di Newton che ebbe il coraggio di adottare nella sua teoria ipotesi di tradizione popolare come quella delle maree. Tuttavia, a quei tempi, l'influenza di Galileo e dei suoi seguaci era talmente forte che nessuno avrebbe prestato la ben che minima attenzione a Newton se la sua teoria non fosse stata quella splendida teoria che è. Ti ricordi dell'errore che tu stesso avevi commesso nel credere che le piume cadono più lentamente perché sono leggere?

Sì. Infatti per dire che una cosa è leggerissima si usa dire che è "leggera come una piuma".

Sì, certo, in questo caso ci troviamo davanti ad una erronea credenza popolare, ed un luogo comune privo di reale fondamento. Ma noi, ci siamo già occupati di un'altra falsa opinione popolare con cui Galileo non era stato d'accordo: quella che gli specchi sono più lucenti dei muri. Prima di Galileo si credeva, inoltre, che la luna fosse una sfera di cristallo, mentre lui contestò questa affermazione sostenendo che la luna è composta di terra e di acqua.

Sì, ma l'idea dei mari lunari era sbagliata.

Hai ragione, ma allora, quand'è che un errore si può considerare generato da un pregiudizio popolare e quando da uno scientifico? Tu ben sai che anche Galileo commise degli errori, e che allo stesso tempo conduceva un'accanita lotta contro le credenze popolari prive di fondamento. Tuttavia è pur sempre meglio possedere una teoria scientifica, per quanto errata possa essere, piuttosto che basarsi su dei pregiudizi. Il peggiore tra tutti i possibili pregiudizi popolari viene usualmente definito superstizione. Galileo si oppose alla teoria che la luna possa influenzare in qualche modo la terra proprio perché questa idea era il retaggio di un'antica superstizione astrologica.

Astrologica? Forse intendi dire astronomica!

Mi riferisco esattamente a quella parte dell'astronomia che si occupa dell'influenza delle stelle sugli uomini.

Le stelle hanno un'influenza sugli uomini? Ma che dici?

Per esempio, gli astrologi dicono che se sei nato quando il pianeta Marte è visibile dalla terra, allora diventerai certamente un soldato, perché Marte ha un colore sanguigno e per questo è dedicato al Dio della guerra. Prima di Galileo anche gli astronomi credevano a questo. L'astrologia a noi sembra un fatto sciocco e superstizioso, ma malgrado questo la gente ci continua a credere, non solo, ma per centinaia di anni si sono portati avanti gli studi di astronomia con il preciso intento di capirne di più di astrologia. Il desiderio di tutti era quello di riuscire a predire la propria sorte fin dal momento della nascita: sapere per esempio con esattezza quando si sarebbero sposati, o quando altri eventi importanti avrebbero avuto luogo. Ma c'era almeno *una* cosa della quale l'astrologia aveva visto giusto: la luna causa le alte maree. Galileo si oppose a questa teoria perché era contrario all'astrologia. Ma, attenzione, qui siamo in presenza di un fattore interessante: in mezzo ad un gruppo di superstizioni ci può ben essere anche qualche idea giusta. Ti posso fornire anche altri esempi di superstizioni che hanno poi invece un fondamento reale. Per esempio, chi è superstizioso, conosce tanti piccoli espedienti contro le malattie e qualche volta, bisogna dire che funzionano davvero!

Ma supponi che una persona superstiziosa si prenda qualcosa che è efficace contro il mal di stomaco mentre in realtà il suo dolore è dovuto ad una emicrania, il rimedio non darà grandi effetti, non ti pare?

Questo è vero. Molti superstiziosi fanno uso di farmaci non adatti alla loro malattia. Come mai?

Perché dovrebbero preoccuparsi di sapere a cosa serve.

Come si fa a scoprire a cosa serve una medicina? E con quali meccanismi si riesce a sapere quando questo rimedio è utile ad una data malattia, e con quali altri si arriva all'idea che le maree sono provocate dalla luna? Qui sta il problema.

Non saprei proprio – confessò Aaron, dopo averci pensato un po' su.

Ti dirò, non lo so nemmeno io, ma ciò non toglie che questo tipo di problema è molto importante e di grande interesse. Galileo fu un grande scienziato e diede una esatta definizione di cosa si deve intendere per teoria scientifica, perciò poco importa se sulle maree, invece, prese un abbaglio. Ai tempi di Galileo c'era un assoluto bisogno di riuscire a trovare un criterio per discriminare nettamente le idee scientifiche dalle superstizioni e perciò il suo contributo fu enorme: la scienza si distingue dalle vane chiacchiere in quanto affida le sue fondamenta alla matematica.

Quando ti ho parlato delle scoperte che Galileo fece per mezzo del telescopio, cioè i satelliti di Giove e le montagne lunari, tu mi hai domandato: «Perché mai Galileo non mostrò il telescopio ai suoi avversari e non li convinse del loro torto?». Ti ricordi?

Sì.

Vedi, in quell'occasione, tu non avevi tenuto presente che gli oppositori di Galileo non pensavano affatto che l'osservabilità fornita dal telescopio potesse essere un mezzo di analisi convincente. Guardare attraverso un telescopio può essere convincente solo per gente che ha una mentalità scientifica e che accorda fiducia al mezzo tecnico di cui si serve. Ecco una questione interessante: come possiamo convincerci di qualche cosa guardando attraverso il telescopio? Dopo tutto il telescopio potrebbe mentire, potrebbe essere uno strumento del diavolo, che per suo mezzo ci inganna, facendoci vedere le cose in maniera completamente sbagliata.

Gli oppositori di Galileo pensavano che le lune di Giove fossero un artificio del diavolo perché la chiesa non aveva mai parlato della presenza di alcun satellite. Insomma, erano più che certi che Galileo avesse torto, e che il suo telescopio fosse uno strumento del demonio.

Insomma, una specie di cortigiano a servizio del Maligno!

Proprio così! La gente non si fidava perché non aveva alcun modo per scoprire se Galileo parlava per bocca di Dio o del diavolo. Ti ricordi la domanda che c'eravamo posti all'inizio: «Dobbiamo credere agli scienziati?».

Sì.

La tua risposta affermativa si era basata sul fatto che gli scienziati posseggono strumenti adeguati, quali appunto il telescopio. Ma se il telescopio può essere opera sia del diavolo sia di Dio, come facciamo a stabilire quando prestargli fede e quando no?

Beh, nessuno può dirlo, ammise Aaron tristemente.

Francesco Bacone, 1561-1626.

Certo nessuno è in grado di saperlo. Ma allora come facciamo? Come possiamo costruire la scienza quando niente può godere di una certezza assoluta? Come faremo a procedere nel sapere?

Questo argomento è troppo difficile per me: non so cosa risponderti.

L'argomento in questione non è arduo solo per te, ma per tutti. Lo stesso Galileo affermava che non bisogna credere al cento per cento al telescopio perché uno strumento scientifico può sempre avere un difetto di fabbricazione. Tuttavia per Galileo, questo particolare è di relativa importanza perché il telescopio non è una fonte per la scoperta, ma solo un mezzo per verificare le nostre ipotesi con maggiore chiarezza, perciò se davvero non vogliamo commettere errori madornali non dobbiamo stare attenti al telescopio, quanto piuttosto alle nostre idee. L'errore più comune, secondo Galileo, è proprio quello di vedere, tramite gli strumenti, fenomeni che non sono reali, ma l'equivoco nasce non tanto dall'osservazione sbagliata, quanto piuttosto a monte di questa, perché significa che non disponiamo di una buona teoria. Galileo giunse così alla conclusione che le osservazioni sono sì importanti, ma mai quanto il pensiero che le guida.

Nello stesso periodo di Galileo viveva un altro pensatore che affermava invece tutto l'opposto: si trattava di Francesco Bacone, Lord Cancelliere d'Inghilterra. Bacone sosteneva, infatti, che le idee diventano confuse proprio quando non si conoscono abbastanza i fatti. Una speculazione che non si fondi su sufficienti dati empirici genera la superstizione ed il pregiudizio, difetti che sono notoriamente molto difficili da eliminare.

È molto più sicuro, diceva Bacone, non pensare affatto, spazzare via tutte le vecchie opinioni ed incominciare a procurarci il maggior numero possibile di dati empirici con il telescopio, il microscopio o altri strumenti. Quando possederemo sufficienti dati, allora potremo dire di avere ragione.

Bacone non era certo un seguace di Galileo!

Certo che no. Galileo e la sua scuola ritenevano che il problema di maggiore gravità era proprio quello di non venire contagiati dalle idee dei superstiziosi. Noi non sappiamo con quale sequenzialità una cosa è causa di un'altra: per esempio in base a quali principi dovrebbe portare sfortuna passare sotto una scala o perché una stella dovrebbe influire sulla fortuna o meno di un nascituro. Tutte queste cose sono molto confuse. Non è molto importante se siano vere o siano false, quello che conta è che non siamo in grado di spiegarne il meccanismo, e quindi non lo possiamo calcolare. Perciò, disse Galileo, lasciamo stare queste cose e basiamoci solo sulle cause semplici e facili da capire.

Anche Francesco Bacone era d'accordo con il fatto che la superstizione genera confusione e danni, impedendoci di far uso dell'esperienza per accrescere le nostre conoscenze. Perciò la prima cosa da fare è dimenticarci di tutte le superstizioni. In secondo luogo si deve cercare di avere il maggior numero di dati empirici che sia possibile, dati semplici e chiari che si possono osservare e capire senza ombra di dubbio. Da questi dati si possono poi sviluppare le vere teorie scientifiche. Insomma, Bacone affermava che bisogna credere ai nostri occhi e Galileo al nostro pensiero, ma entrambi erano pienamente d'accordo nel rifiutare la tradizione a favore di idee autonome e originali.

Ma, non avevamo detto che il telescopio può essere a volte esatto ed a volte no?

Certo.

Come facciamo a saperlo?

Bacone avrebbe risposto che più osservi, e più l'immagine ti risulterà chiara: tutto ciò che dobbiamo fare è guardare con assiduità ed attenzione. Per Galileo al contrario l'osservazione non assumeva tutta questa importanza: ciò che conta è la base teorica e speculativa e non l'osservazione che noi effettuiamo solo allo scopo di avere una conferma alle nostre ipotesi. Tuttavia, al di là di queste divergenze di fondo, sia per Galileo che per Bacone la superstizione genera la confusione mentre la scienza è apportatrice di chiarezza. Ambedue concordano nel ritenere che, seppure in qualche caso la superstizione ha visto giusto, in linea generale afferma cose assurde, mentre la scienza è sempre esatta. E qui avevano torto: non è vero che gli scienziati non commettono mai alcun errore, anzi, loro due erano i primi a commetterne uno grandissimo proprio nel credere all'infallibilità della scienza. Ancor oggi non siamo in grado di dire con esattezza cos'è la scienza e cos'è la superstizione, ma di una cosa siamo certi: la loro differenziazione non risiede nell'essere l'una giusta e l'altra sbagliata.

Non credo di aver afferrato il tuo discorso fino in fondo.

Capisco. Oggi siamo d'accordo con Galileo e Bacone per quanto riguarda la superstizione e giudichiamo coloro che ci credono degli irrazionali, al contrario degli scienziati che invece vogliono accrescere il loro sapere. Ma noi non crediamo più alla infallibilità della scienza. In altri termini la linea di separazione tra la scienza e la superstizione non ci appare più così netta. La nostra speranza è solo che la scienza di oggi commetta meno errori e sia meno confusa di quella di una volta, e che sappia essere più chiara della superstizione, sua antica preistoria.

SECONDA SETTIMANA

Lunedì:
Il problema centrale della fisica

Martedì:
Ognuno sostiene che il mondo è composto da una differente sostanza

Mercoledì:
Da Platone a Cartesio

Giovedì:
La teoria dell'universo secondo Cartesio

Venerdì:
La fisica cartesiana, ovvero tutto si muove per effetto della spinta subita

Sabato:
Bacone, Boyle, ma soprattutto Newton

Domenica:
Ancora Newton e un accenno ad Einstein

8. Lunedì

Il problema centrale della fisica

Quest'oggi, vorrei per prima cosa fare il punto della situazione per abbracciare con un solo sguardo quanto abbiamo detto fin ora. Il nostro primo argomento è stato il Medio Evo, il cui carattere peculiare è senza dubbio, il rispetto, direi quasi la venerazione, per le antiche civiltà ebraica e greca. Copernico credette di aver finalmente ritrovato la perduta perfezione degli antichi facendo rivivere la teoria eliocentrica di Aristarco, ma in realtà fece tutt'altro, aprì cioè la porta ad idee completamente nuove. Non passarono molti anni dalla morte di Copernico, che Galileo e Keplero dimostrarono un altro fatto importantissimo: se davvero si vuole essere all'altezza della scienza greca bisogna innanzi tutto essere dei bravi pensatori. Il fiorire degli studi sul mondo antico portò, dunque, ad una riscoperta dei valori scientifici insiti nella cultura ellenica, preparando così il terreno ad una vera e propria rivoluzione scientifica. Nelle nostre discussioni ci siamo soffermati più a lungo sulla figura di Galileo che non su quella di Copernico e Keplero, perché tra i tre, Galileo fu lo scienziato che meglio capì l'importanza di questo processo rivoluzionario, affermando la supremazia teorica dell'indagine filosofica nel procedere scientifico. Va da sé, comunque, che neppure Galileo fu un pensatore perfetto: non solo commise un certo numero di errori, ma soprattutto non fu in grado di impostare con sufficiente chiarezza alcuni problemi fondamentali. Renato Cartesio riuscì invece a sciogliere parecchi nodi della teoria galileiana, conquistandosi così un posto di gran rilievo nella storia del pensiero umano. Tuttavia per capire a pieno la teoria di Cartesio e valutare convenientemente lo sviluppo della scienza

Talete, c. 625-545 a.C.

moderna, dobbiamo fare un salto in dietro e tornare un attimo alla scienza greca.

Vuoi forse dire, che tutto sommato, la scienza moderna non è niente altro che la vecchia scienza greca rivista e corretta?

No, non volevo certo dire questo. La scienza moderna è tutt'altra cosa rispetto a quella dell'antica Grecia, ma ciò nonostante, da un punto di vista ideologico si possono considerare

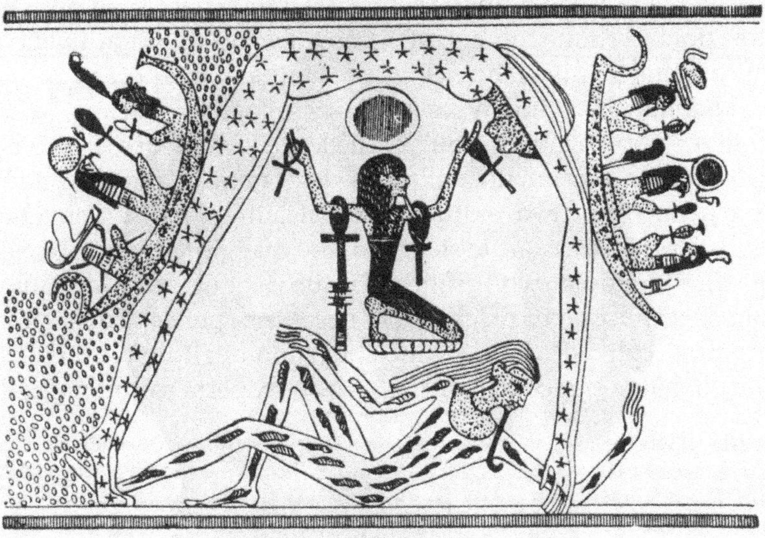

Antica raffigurazione egiziana dell'universo.
La terra è simboleggiata dalla figura ricoperta di foglie, il cielo da quella stellata, mentre le due barche rappresentano il sole che sorge e che tramonta.

una il proseguimento dell'altra. Il primo degli scienziati greci fu Talete, il quale visse circa duemilacinquecento anni fa, in una Grecia ancora agli albori della sua civiltà. Intendiamoci non è che duemilacinquecento anni fa il resto del mondo conosciuto fosse nella piena maturità culturale, tuttavia alcune popolazioni come i babilonesi e gli egiziani possedevano un grado di civiltà maggiore rispetto alle altre. Talete fece parecchi viaggi di studio, e non è certo trascurabile il contributo che i pensatori babilonesi ed egiziani diedero alla sua formazione.

La superstizione regnava sia a Babilonia che in Egitto, e non si può certo dire che il loro sistema politico fosse democratico e benevolo, anzi tutt'altro. In Egitto, ad esempio, la società era basata su di un regime schiavistico e crudele, suffragato da un'osservanza rigidissima delle tradizioni. In questo clima di oscurantismo la scienza egiziana non aveva alcuna possibilità di sviluppo. Non era nemmeno concepibile inventare nuovi sistemi di scrittura o sperimentare nuovi modi di procedere in aritmetica, insomma, si trattava di una cultura "pietrificata". In rapporto ad altre popolazioni, dunque, gli egiziani possedevano un buon livello di cultura, ma si trovavano nell'impossibilità di migliorarlo.

I babilonesi erano invece grandi astrologi. Credevano, al pari di molte popolazioni primitive, che le stelle possedessero un ben determinato ascendente sulla vita degli uomini, ma questa loro credenza li induceva, a differenza delle altre popolazioni, ad osservare con attenzione le stelle. La loro maggiore aspirazione era quella di conoscere con esattezza il sito di ogni stella, in maniera tale da acquistare tutte le nozioni necessarie per capire meglio in che modo gli astri influenzano il destino degli uomini. Fu così che i babilonesi fecero la prima grande scoperta astronomica del

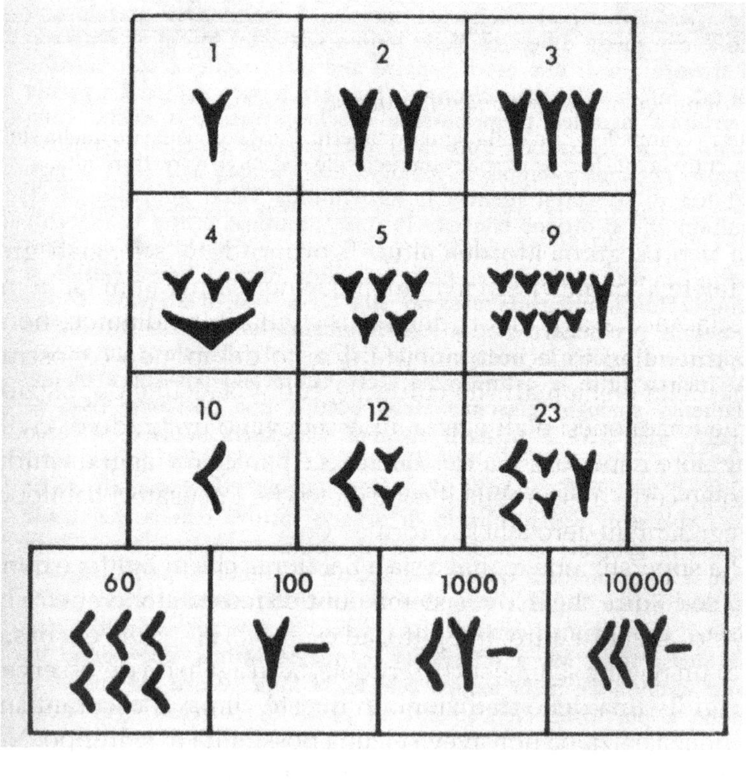

Antica notazione numerica babilonese.

mondo antico: la stella del mattino e la stella della sera sono la stessa cosa. La stella del mattino è un astro che a volte brilla nel cielo prima che il sole sorga, mentre la stella vespertina risplende subito dopo il crepuscolo. La stella mattutina appare sempre ad Est, mentre la vespertina sempre ad Ovest.

Ambedue godono della caratteristica di poter essere osservate solo in un breve arco di tempo. Infatti pochi minuti dopo che è visibile la stella del mattino, il sole sorge e...

Addio stella del mattino!

Già, scompare al pari di tutte le altre stelle. La stella vespertina appare sul far della sera, non appena il sole è tramontato e si dissolve calando all'orizzonte verso Ovest. Un fatto strano e comune ad ambedue le stelle, è che non sempre siamo in grado di osservarle. Questo fatto è effettivamente bizzarro perché la maggior parte delle stelle sono sempre visibili. Così i babilonesi attribuivano a queste due stelle un'importanza notevolissima. Erano gli astri preposti alla luce ed alle tenebre, e di conseguenza acquistava grande rilievo conoscere con esattezza "sotto" quale dei due influssi si veniva al mondo. I babilonesi prendevano nota, con molta diligenza, delle mutue posizioni in cui si venivano a trovare questi due astri rispetto alle altre stelle, e con l'ausilio di tali informazioni riuscirono a tracciare le loro orbite. La parola "orbita" significa propriamente cerchio, traccia o anche cammino. Se si scatta una fotografia a delle stelle tenendo l'obiettivo aperto per molto tempo, in maniera tale da dare agli astri la possibilità di spostarsi mentre il fotogramma viene impresso, il risultato che si ottiene consiste in linee luminose e non in macchie di luce. La traccia luminosa di una stella non potrà mai apparire come un cerchio se non nell'eventualità in cui l'osservatore si muova lungo un'orbita attorno alla terra. Ma, d'altronde, è ben possibile prolungare con la sola immaginazione o con l'ausilio di opportuni calcoli la linea visibile fino a farla diventare un anello. All'incirca tutte le orbite delle stelle sembrano possedere un andamento analogo: ciascuna stella occupa una posizione fissa rispetto alle altre e tutto il sistema planetario subisce nell'arco di una giornata una intera rotazione. Le più antiche ipotesi sulla natura della volta celeste erano che questa non fosse altro che una specie di baldacchino o di drappo fatto a cupola, nel quale erano incastonate le stelle a mo' di gemme preziose. Ma la luna non è incastonata a questo "drappo" e quindi si può disegnare la sua orbita. Risulta così che la luna attraversa il cielo più o meno approssimativamente una volta al giorno, proprio come le stesse fisse. Ma a differenza di queste ultime, che hanno un sito immutabile nella mappa celeste, la luna avanza nel suo cammino e poi torna ciclicamente al posto di partenza ogni mese.

Ah, adesso ho capito; è per questo che lo chiamiamo mese!

Esatto. I vocaboli per designare la "luna" e il "mese" hanno un significato strettamente correlato tra loro. Anche il sole però si muove e ritorna al suo posto di partenza ogni anno. Alla stessa maniera si comporta la stella del mattino e la stella della sera. Ma quando i babilonesi tracciarono le orbite di questi due astri si accorsero che coincidevano. La stella del mattino e quella della sera erano dunque lo stesso astro! Fu così che tremila anni fa applicando dei semplici ragionamenti e senza l'ausilio del telescopio, si giunse ad una delle più grandi scoperte astronomiche.

Qual è il nome che diedero alla nuova stella?

I greci le davano tre nomi: Espero, che significa stella del mattino, Vespro che vuol dire stella della sera e Venere in onore della dea della bellezza. I babilonesi la chiamavano, invece, Ishtar che è il nome della loro divinità protettrice della bellezza.

Ma che c'entra Talete in tutta questa storia?

Abbi un po' di pazienza, ragazzo mio, e ci arriviamo subito; prima però un'ultima notizia sui babilonesi: dobbiamo a loro le prime predizioni sulle eclissi solari. Essi si dedicavano con molta cura allo studio di questi fenomeni perché ritenevano che le eclissi solari fossero indice di cattivi presagi. Bene, ma torniamo al nostro Talete. Come ti ho già detto egli viaggiò molto per appagare la sua sete di sapere.

Non poteva starsene in Grecia e studiare?

No, non avrebbe avuto alcun senso perché, ai suoi tempi, i greci erano ben lungi dal possedere una fiorente civiltà intellettuale. Fu invece Talete che insegnò ai greci un mucchio di cose, tra l'altro anche con quali metodi si può prevedere un'eclissi, conquistandosi così la fama di grande sapiente. Talete è considerato a buon diritto il padre della scienza, perché fu il primo a porsi quella che è, senza dubbio, la questione più importante in campo scientifico e soprattutto in fisica: «Da cosa trae origine la materia?». Questo è l'interrogativo fondamentale che ha sotteso tutti gli interessi degli scienziati, dai tempi di Talete ai giorni nostri. Tu, sei in grado di fornire una risposta?

Dipende: una cosa costruita con delle pietre è senza dubbio costituita da quest'ultime, così come un albero è fatto di legno al pari di una staccionata.

Questo è fuori di dubbio.

Mentre la maniglia della porta è costituita da una particolare lega di metallo.

Sì, ma il metallo, a sua volta, lo sai da che cosa è composto? E il legno? Vedi il discorso di Talete era un po' più profondo rispetto al tuo. Egli sapeva benissimo che una maniglia di metallo è costituita ovviamente da quest'ultimo, ma ciò che realmente lo interessava era riuscire a scoprire di cosa è composto il metallo stesso.

Ma, di atomi è ovvio!

Quali atomi? Che tipo di atomi?
E gli atomi, a loro volta, da che cosa sono costituiti?

Da particelle atomiche elementari.

Benissimo, e queste particelle atomiche elementari di cosa sono fatte?

Non ti sembra di esagerare un po', spingendo la tua indagine a livelli così profondi?

Sicché sto spingendomi a livelli troppo profondi! Ma che dici?! Sto indagando né più né meno che alla profondità consentitami; infatti fin dove la mia mente può giungere è perfettamente legittimo che io spinga l'indagine, e Talete diede inizio alla storia della scienza proprio perché ebbe questo coraggio. La prima domanda che sorge spontanea è: «Tutte le cose sono composte dalle stesse particelle atomiche elementari?». Ad esempio, penso che non avrai alcuna difficoltà ad ammettere che una staccionata fatta di legno ed un albero hanno le stesse particelle atomiche elementari.

Sì certo, ambedue sono fatti di fibre di legno.

Diresti che anche una maniglia di una porta è costituita da fibre di legno?

No.

Come fai ad affermarlo così categoricamente?

Per il semplice motivo che le fibre di legno sono di legno e non di metallo.

Che cosa accade se si riscalda il metallo?

Questo si fonde.

Giusto, e deve proprio a questa sua caratteristica il fatto di chiamarsi metallo. Dunque i metalli sono delle sostanze che si sciolgono, dico bene?

Sì certo, ma anche il sapone si scioglie nell'acqua, com'è allora che non chiamiamo "metallo" il sapone?

Forse potremmo riformulare la definizione di metallo in questi termini: i metalli sono sostanze che allo stato naturale risultano molto resistenti, ma quando si altera tale stato sottoponendoli a calore, essi si liquefano. I metalli hanno inoltre la caratteristica di poter essere forgiati in varie forme e diventare oggetti tra i più svariati, una spada ad esempio. Potremmo usare del sapone come materiale per costruire una spada?

No.

Come ben vedi, il sapone è molto differente dal metallo che compone una maniglia, mentre una maniglia di metallo è molto simile ad un'altra anche se quest'ultima è stata costruita utilizzando un tipo diverso di metallo. A questo punto è evidente che ci troviamo già in una situazione abbastanza complessa. Siamo, infatti, in grado di affermare che un metallo è simile ad un altro metallo in base a due criteri: basta verificare la sua consistenza e la sua capacità di essere fuso. Ma sotto altri aspetti i metalli rassomigliano di più al sapone, per esempio: l'argento è molto duttile ed il ferro può "sciogliersi" in acqua per effetto della ruggine. Dunque, sappiamo che tutti i metalli sono simili e lo stesso dicasi per i vari tipi di legno in quanto non ha alcuna importanza da che albero provengono. Ma in virtù di cosa siamo in grado di affermare che le proposizioni precedenti sono vere? Una candela, ad esempio, è simile al legno o al metallo?

Una candela si squaglia se si accende lo stoppino.

Così sei propenso a credere che una candela è più simile al metallo che al legno.

Sì, perché fonde.

E che dire allora del fatto che la candela brucia al pari del legno, mentre i metalli non bruciano, almeno non così facilmente? La cera, dunque, gode della proprietà di squagliarsi e al tempo stesso è passibile di combustione, sicché ci troviamo nel grave imbarazzo di non sapere a quale delle due categorie, metallo o legno, ascriverla.

Potremmo chiamarla "legno metallizzato" – suggerì Aaron.

Ma questo non ci sarebbe di alcun aiuto. Fu proprio Talete a dire che, se vogliamo risolvere questo problema, dobbiamo per prima cosa conoscere i componenti ultimi di tutte le cose, e non soltanto quelli del metallo o del legno. Talete credeva che le cellule viventi, i granelli di polvere, le rocce grandi quanto una montagna, i diamanti, l'acqua e il vetro fossero tutti composti dalle stesse particelle elementari, cioè dalla stessa "sostanza" o "substrato", come si usa dire nella letteratura filosofico-scientifica. Non ti sembra una teoria bizzarra?

Sì, certo, perché mai Talete pensò questo?

Dunque, tu ad esempio sai benissimo di non essere più la stessa persona che eri ieri; sei d'accordo?

Certo, sono un po' più alto, forse lo sono solo di un microscopico pezzetto, ma indubbiamente sono più alto.

È vero, sei un po' più alto ed anche un po' più bravo. Ma tu pensi di avere la stessa identità di un anno fa?

Naturalmente.

Sicché tu resti identico a te stesso pur mutando. Infatti una persona che ti somigliasse moltissimo per il colore degli occhi e dei capelli e per l'altezza, non per questo avrebbe la tua identità. Tutto ciò è molto strano, una persona che è molto differente da quello che tu sei oggi non è altro in realtà se non «te stesso un anno fa», mentre un altro individuo che ti è invece molto simile «non è te stesso, ma un'altra persona». In realtà, non siamo in grado di affermare con assoluta certezza che cosa è uguale e che cosa è differente. Questa è una questione di difficile soluzione. Se l'acqua diviene ghiaccio e quest'ultimo si tramuta di nuovo in acqua, siamo certi che si tratta sempre della stessa sostanza?

Certo: il ghiaccio non è altro che acqua gelata.

Così il ghiaccio è acqua, anche se appare in un aspetto differente. Talete credeva che questo ragionamento fosse valido per ogni cosa che ci circonda. Ad esempio, l'acqua sembra differente dal metallo, ma questa differenza non è sostanziale: l'acqua, ad esempio, può trasformarsi in gesso. In effetti quando si bolle dell'acqua in una pentola e tutto il liquido è evaporato, rimangono sul fondo alcuni sedimenti calcarei, simili al gesso. Questi sedimenti sono un residuo dell'acqua, quindi, Talete ne concluse che l'acqua si trasforma in gesso, ubbidendo alla stessa forza che in altre circostanze la fa diventare ghiaccio.

È chiaro che Talete aveva preso un abbaglio: il gesso non è un componente dell'acqua bensì è un elemento solubile che si scioglie nel liquido senza che si possa constatare questo fenomeno ad occhio nudo.

Certo, ma Talete non sapeva tutto questo e pensò che i sedimenti erano generati dall'acqua. Inoltre, questa teoria gli veniva confermata dal fatto che è facile trovare tracce di gesso alla foce dei fiumi, in quanto le acque di questi ultimi a volte ne sono così ricche da trasportarne una certa quantità fino al mare. Dunque Talete osservò che l'acqua può mutarsi in gesso, vapore, ghiaccio e quindi ne concluse che tutte le cose sono composte d'acqua, anche quelle che sembrano esserne molto differenti. Se qualcuno che non ha mai visto prima del ghiaccio, ne vede un pezzo, pensi che crederebbe che il ghiaccio è composto d'acqua?

Chiaramente no.

Per convincerlo, bisognerebbe gelare l'acqua fino a farla diventare ghiaccio.

Oppure si potrebbe mettere il ghiaccio in una pentola e poi riscaldarlo fino a che ritorni al suo stato liquido.

Supponiamo per un attimo che esista un metodo atto a fondere i metalli trasformandoli in acqua oppure solidificare l'acqua facendola diventare un metallo. Se ti mostrassi questo processo, crederesti senza difficoltà che il metallo è composto d'acqua?

Beh dipende; può darsi che riterrei la prova convincente, ma non è detto.

Sono certo che tu la considereresti una dimostrazione valida alla stessa stregua di quella del ghiaccio, almeno che tu non metta in dubbio l'ipotesi stessa che io sia in grado di sciogliere i metalli fino a farli diventare acqua. Un simile dubbio sarebbe più che legittimo in quanto non posseggo affatto un metodo che mi consenta di fare una cosa simile. Infatti posso fondere il metallo quando voglio, ma tutto ciò che otterrò sarà sempre del metallo fuso e mai dall'acqua. Talete pensava, invece, che se tutte le cose hanno come elemento costituente l'acqua, allora è ben vero che l'acqua può essere ricavata dal metallo e viceversa. Il problema, secondo lui, consisteva solo nel poter attuare un numero sufficiente di esperimenti atti a fornire una prova alla sua tesi.

Ognuno sostiene che il mondo è composto da una differente sostanza

L'altra settimana, non so se ti ricordi, avevamo detto, che gli atomi non si possono osservare direttamente nemmeno con l'ausilio dei più potenti microscopi.

Con ogni probabilità, dovremmo costruire microscopi ancora più forti.

No, nessun microscopio sarà mai in grado di mostrarci come è fatto un atomo, ed il solo strumento di cui si servirono i greci per scoprirli fu il pensiero. Vorrei riuscire a spiegarti qual è la genesi del processo teorico che portò i greci ad individuare gli atomi. Talete sosteneva che la componente ultima di ogni cosa era l'acqua; gli altri pensatori greci erano tutti d'accordo nel ritenere che le cose possedessero una sostanza ultima, ma le loro opinioni su quale dovesse essere in concreto questo substrato, furono quanto mai antitetiche l'una con l'altra. Ti rammenti quante e quali difficoltà ci siamo trovati a dover affrontare per definire esattamente i due concetti di uguale e di diverso, e come per superare questa *impasse* siamo giunti a formulare l'idea di substrato? Eravamo arrivati alla conclusione che il ghiaccio è la stessa cosa dell'acqua anche se il loro aspetto è differente.

Certo, il ghiaccio è allo stato solido mentre l'acqua è allo stato liquido.

Parmenide, c. 504-456 a.C.

Esatto. Avevamo visto, infatti, come due sostanze possono risultare differenti per un aspetto ed uguali per un altro, e come, inoltre, un cambiamento lieve lascia l'essenza di una cosa inalterata, mentre uno brusco ne degenera totalmente la natura. Talete, affermava che tutte le cose sono uguali tra loro, in quanto composte da un unico elemento base: l'acqua. Ma la questione di fondo rimane; infatti, se tutto è identico, come si spiega il polimorfismo? Negli stessi anni di Talete viveva un altro grande filosofo greco, Parmenide, che sosteneva una tesi quanto meno incredibile: tutte le cose sono tra loro identiche, e quindi ne esiste una sola.

Riesci ad immaginare che tu ed io siamo esattamente la stessa cosa, e lo stesso vale per te e la sedia sulla quale sei ora seduto? Non c'è persona al mondo che sottoscriverebbe una simile teoria.

Ma nemmeno sarebbe facile trovare qualcuno disposto a prestare fede alla teoria secondo cui ogni cosa è fatta d'acqua.

Posto in questi termini il tuo ragionamento non fa una grinza, ma gli scienziati non credono forse che ogni cosa è composta dalle stesse particelle elementari, cioè dello stesso substrato?

Ai giorni nostri nessuno scienziato sostiene una sciocchezza simile!

Oh, se fossi in te, non ne sarei così certo! Vedi, oggi, molti scienziati sono inclini a pensare che la materia sia composta da elettroni, da protoni e da altre particelle elementari di questo tipo. Perciò, come puoi ben vedere, a tutt'oggi, ci sono scienziati che concordano con Talete sull'esistenza di un solo substrato, con la sola differenza che non credono più che questo sia identificabile con l'acqua, perché la chimica ci insegna che l'acqua non è un elemento semplice ma è a sua volta composto da due atomi di idrogeno e uno di ossigeno. Parmenide, uno dei pensatori più validi e profondi di ogni epoca, dimostrò l'impossibilità teorica della tesi di Talete di un unico substrato, affermando che al mondo esiste una sola cosa: il mondo stesso.

La gente rideva di questa sua teoria, ma Parmenide fu talmente abile da fornirne addirittura una dimostrazione.

Come gli fu possibile?

Talete, come già sappiamo, affermava che ogni cosa è composta dalla medesima particella elementare: che si trattasse d'acqua o d'altro poco importa, quello che conta invece è l'unicità dell'elemento. Se siamo d'accordo con questa ipotesi, cioè che esiste una ed una sola particella elementare, ne consegue ovviamente che non ce ne possono mai essere due. Inoltre se due cose sono fatte dello stesso elemento, allora sono evidentemente uguali, proprio come volevamo dimostrare.

Se le piume sono fatte di acqua, e così ogni altra cosa, allora com'è che non esistono altri oggetti simili per forme e caratteristiche alle piume?

Ma è proprio come tu dici! Vedo con piacere che hai afferrato a pieno l'idea di Parmenide. Egli diceva, infatti, che l'organo della vista ci inganna, e quando crediamo di vedere un oggetto qualsiasi, magari una piuma, in realtà stiamo sognando.

Oh! – disse Aaron visibilmente esterefatto.

Nel mondo ci sono molti popoli, noti per la loro saggezza, che vivono sia all'Ovest sia all'Est, in Europa, in India e in Cina e che la pensano esattamente come Parmenide. Il termine tecnico che normalmente si usa per denominare questo tipo di atteggiamento è quello di "misticismo". I mistici infatti credono che il mondo sia formato da una sola cosa e che le percezioni visive sono mera illusione. Parmenide riuscì a dimostrare la sua tesi mistica sfruttando le idee di Talete e di altri scienziati. Come vedi, i mistici greci erano capaci di forme di ragionamento tipiche della scienza, a differenza degli altri mistici, che, per solito, sono ferocemente antiscientifici. Per confermare quanto ti ho appena detto, vorrei parlarti di un'altra interessante teoria di Parmenide.

Mistici scientifici! Questa, poi, mi giunge davvero nuova: non avevo mai sentito parlare dei mistici in questi termini, e tanto meno dell'esistenza di una teoria secondo cui la componente ultima di ogni cosa è l'acqua. Non ti nego, che mi sembra tutto decisamente strano.

In effetti c'è una buona dose di stranezza in questa teoria, ma l'insegnamento teorico che se ne ricava è forse il contributo maggiore del pensiero greco: la scienza può essere anche strana.

Fino ad un momento fa, avrei giurato che un'affermazione simile è priva di qualsiasi senso.

È abbastanza naturale che non ti sarebbe mai venuta in mente una simile idea prima della nostra chiacchierata odierna. Fin qui avevamo sempre detto, con Galileo, che la scienza deve essere sinonimo di chiarezza. Ma torniamo a Parmenide ed alla sua seconda confutazione. Dunque, sei d'accordo con l'ipotesi che tutto si muove, e che il movimento implica l'idea di cambiamento?

Sì.

Parmenide dimostrò la seguente proposizione: se tutte le cose sono uguali tra loro, allora il movimento non esiste.

Sì, ma con ogni probabilità non intendeva dire esattamente questo. Non avrà voluto dire, per caso, che ogni cosa che vediamo in movimento in realtà non si muove affatto?

Esatto: questo è proprio quanto voleva dire.

Tuttavia, anche in questi termini, l'affermazione è alquanto strana.

Senza dubbio: ma vale ugualmente la pena di seguire passo passo questa dimostrazione della inesistenza del moto. Ascoltami con attenzione però, perché il ragionamento implica passaggi tutt'altro che facili. Dunque, l'ipotesi da cui si parte è questa: se c'è una stanza piena di mobili fino al soffitto è impossibile introdurvene ancora, a meno che non si sia fatto posto togliendone qualcuno in precedenza.

Questa ipotesi mi sembra ragionevole: chiunque sarebbe d'accordo.

Bene, allora se si vuole introdurre qualche oggetto in una stanza, bisogna che ci sia un posto vuoto, o nell'eventualità che la stanza sia completamente piena occorre far posto levando qualche cosa. Va da sé che per compiere quest'ultima operazione dobbiamo disporre di un posto vuoto da qualche parte fuori della stanza. In altri termini, per avere del moto ci deve essere necessariamente dello spazio vuoto: se lo spazio è pieno, infatti, niente si può muovere. Tanto per fare un esempio: immaginiamo una sala completamente riempita di persone, se la porta è chiusa nessuno può muoversi perché è schiacciato da ogni lato dagli altri. Se poi anche lo spazio adiacente alla porta è pieno di gente, è ovvio che nessuno potrà uscire di lì. In conclusione, Parmenide afferma che per rendere possibile il movimento deve esistere del vuoto da qualche parte. La questione diventa, dunque, la seguente: può esistere dello spazio vuoto? Parmenide rispose negativamente: lo spazio vuoto non può esistere, perché se esistesse non sarebbe più vuoto. Il vuoto, infatti è sinonimo di nulla, ma il nulla non esiste per definizione. Perciò, visto che il vuoto non esiste, il movimento è impossibile, da cui si deduce che ogni moto è solo mera apparenza, proprio come volevamo dimostrare. Che ne pensi?

Non ci credo affatto, e nemmeno la dimostrazione mi fa cambiare di una virgola questa mia convinzione.

Sei in grado di mostrarmi che c'è un errore nella dimostrazione?

Sì, forse.

Invece, non lo credo affatto, perché ce ne vuole per scoprire un errore in questa dimostrazione. Infatti, ciò che dimostrò Parmenide consegue perfettamente una volta accettate le premesse, e cioè se tutto l'universo è fatto di un unico substrato o sostanza, allora non ci può essere differenza alcuna ed ogni cosa è l'unità.

Democrito l'inventore dell'atomismo si colloca sia cronologicamente sia idealmente dopo Parmenide. Democrito affermò che l'errore di Parmenide va ricercato nell'assumere arbitrariamente che il vuoto è sinonimo del nulla. Il vuoto, disse Democrito, è anch'esso una sostanza, e l'universo uno e immutabile così come Parmenide l'aveva descritto non è l'intero universo, ma un micro-universo, cioè un "atomo", un qualche cosa che non può ul-

Democrito. 460-360 circa a.C.

teriormente essere diviso. L'atomo è quindi indivisibile e fluttua nello spazio.

Per attuare questo moto l'atomo deve avere a disposizione dello spazio vuoto. Tra gli atomi ce ne sono di più piccoli e più grandi, di forma quadrata o a piramide, di consistenza simile al marmo, e con altre mille caratteristiche. Quando questi atomi si combinano tra loro in maniera differente, le cose che ne risultano saranno ovviamente diverse.

Non credo che gli atomi abbiamo forme differenti: suppongo siano tutti tondi.

Gli scienziati moderni sono addirittura inclini a credere che gli atomi non hanno alcuna forma! Vedi, come già ti ho detto, a volte la scienza è molto strana, centocinquanta anni fa gli scienziati credevano che gli atomi avessero effettivamente una forma e che questa fosse tonda, proprio come dici tu. Ma Democrito visse ben duemilacinquecento anni fa e pensava, invece, che gli atomi potessero avere varie forme, che fossero ad esempio quadrati, tondi o aghiformi come gli atomi del fuoco. Sai il perché di queste strane forme?

No.

Voglio metterti sulla strada. Cosa succede se metti un dito sul fuoco?

Brucia.

E cosa provi mentre brucia?

Un dolore terribile.

Provi un dolore così lancinante perché gli atomi del fuoco, che sono simili ad aghi, si conficcano nella pelle come migliaia di spine e quindi ti feriscono. Democrito credeva, al contrario, che le cose piacevoli fossero composte da atomi armoniosi e tondeggianti. La teoria democritea riesce dunque a spiegare bene il perché della grande varietà delle cose che sono nel nostro mondo ed allo stesso tempo il fenomeno del moto. Nell'universo non esiste un solo substrato bensì due: gli atomi ed il vuoto, che è qualcosa di reale perché in sua assenza il movimento risulta impossibile. L'assenza di materie in una parte dello spazio è detta anche semplicemente "vuoto" e la teoria di Democrito viene detta «degli atomi e del vuoto».

Atomi e vuoto!

La teoria di Democrito secondo cui ad ogni cambiamento di stato corrisponde un movimento è una teoria di grande importanza. Per esempio, come pensi che le banane da gialle diventino nere?

Imputridiscono.

Ma che significa imputridire?

Non saprei.

Se le banane marciscono, forse sono gli atomi a subire questo processo. Ma gli atomi, possono decomporsi?

Per la verità non ho mai sentito dire che alcuni atomi sono andati a male.

Infatti, Democrito credeva che gli atomi non possono subire alcun mutamento, perciò sono incorruttibili. Stando così le cose com'è che una banana marcisce?

Non lo so.

Democrito spiegava questo fenomeno dicendo che gli atomi originali della banana, ad un certo momento si muovono e al loro posto ne giungono di nuovi. In altri termini, ogni cambiamento è dovuto a qualche movimento, ma gli atomi di per sé non subiscono alcuna trasformazione. Ti ricordi che il substrato è immutabile?

Sì.

E ti ricordi anche che se il substrato fosse uno solo non ci sarebbe alcuna possibilità di movimento?

Certo che me ne ricordo, ma seguito a non crederci.

D'accordo, ma la questione è un'altra: cos'è che permette alla materia di subire dei cambiamenti di stato? Sappiamo che un mutamento accade, ma come lo spieghiamo? Per Democrito, partendo dall'ipotesi che gli atomi sono incorruttibili e dotati di movimento nello spazio, si conclude necessariamente che, qualsiasi forma di cambiamento avviene solo in quanto sussiste il moto. Gli atomi, per se stessi, non subiscono alcun mutamento: ogni atomo resta sempre uguale a se stesso, proprio come il substrato di Talete e di Parmenide. Democrito spiegò dunque che il mutamento è possibile solo affermando che ogni cambiamento di stato avviene in quanto gli atomi si spostano e sono in movimento.

Come fanno a muoversi gli atomi?

Questa è una questione molto delicata. Democrito diceva che gli atomi si muovono a caso e in tutte le direzioni. Per esempio, tentò di spiegare la forza di gravità in termini di "pioggia" di atomi. Diceva che i corpi cadono in basso perché c'è una costante precipitazione di atomi piccolissimi. Noi non siamo in grado né di vederli né di percepirli, ma essi spingono verso il basso ogni cosa.

Qualche cosa di molto simile ad un atomo era stato inventato prima di Democrito da un altro pensatore greco, di indirizzo mistico: Pitagora. Gli "atomi" di Pitagora erano i numeri. Come Talete, Pitagora viaggiò molto, soprattutto in Egitto dove, tra l'altro, s'impadronì di importanti tecniche geometriche. Per ottenere un angolo retto perfetto, gli egiziani usavano una corda divisa in dodici parti uguali, con questa corda componevano un triangolo servendosi di tre parti per tracciare un lato, quattro per tracciare il secondo e cinque per il terzo. Pitagora restò talmente affascinato dal modo con cui gli egiziani associavano i numeri alle figure geometriche, che si dedicò con il massimo impegno a fare della

Pitagora, 578-510 circa, a.C.

geometria una branca dell'aritmetica. Tanto per fare un esempio, concepì i quadrati non più come mere figure geometriche, ma come rappresentazioni grafiche dell'operazione aritmetica di elevazione a potenza con esponente due. Si possono comporre dei quadrati usando dei punti, ad esempio un punto, quattro, nove, sedici e così via. In questa maniera Pitagora mise in relazione i quadrati geometrici con i quadrati aritmetici; lo stesso fece per i triangoli che rapportò a certi numeri speciali, cioè tali da poter

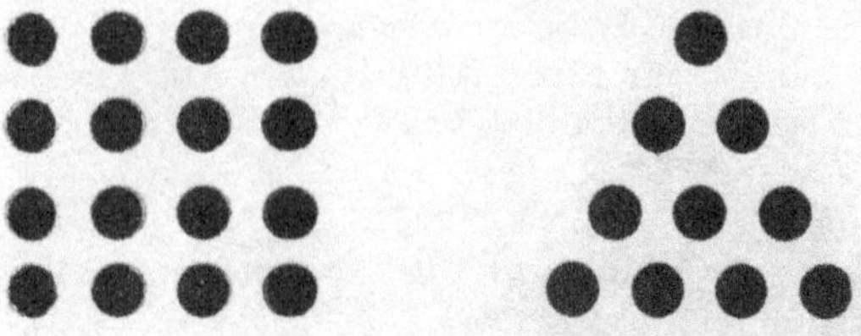

Numeri quadrati. Numeri triangolari.

essere rappresentati graficamente da un triangolo (come si vede dal seguente diagramma).

Nell'ambito delle sue ricerche, tese alla scoperta delle leggi dell'universo, Pitagora e la sua scuola, si occuparono anche di astronomia e di musica. Pitagora sosteneva che anche la musica si può esprimere in termini di rapporti numerici. Quando in musica si parla di armonia ci si riferisce a particolari vibrazioni che risultano meravigliose se eseguite insieme. Al contrario, vi sono altre vibrazioni sonore che danno luogo ad un frastuono orrendo quando vengono suonate tutte insieme. Ad esempio le note in una ottava danno ottimi risultati quando vengono suonate insieme. Se si prende una corda di uno strumento che può suonare un tono sotto ad una ottava e la si divide esattamente in due, allora ogni segmento suonerà un tono più alto di una ottava. Un'altra armonia piacevole ha luogo quando si sottopongono due corde delle medesime lunghezze ad una tensione che sta in rapporto di due a tre rispetto alla loro lunghezza. Se ne conclude che anche la musica è governata dai numeri, benché tali numeri siano particolarmente piccoli.

Pitagora disse che *ogni cosa* è esprimibile con un numero e che il substrato del mondo non è l'acqua o il fuoco, ma i numeri. Pensava che i numeri dispari possedessero qualità femminili, mentre a quelli pari attribuiva caratteristiche maschili, riuscendo così ad esprimere concetti tipicamente morali quali il bene e il male, in termini geometrici. Invece di dire "buono" e "cattivo" Pitagora diceva "retto" e "sbieco". Le linee rette erano oneste e quelle sbieche disoneste. È proprio da ciò che trae origine il nostro vocabolo "bieco" che indica appunto una persona cattiva.

Pitagora credeva che tutte le scienze si potessero esprimere in termini di linee rette e cerchi, e che le figure a loro volta potessero esser trasformate in numeri, cioè in aritmetica.

È Pitagora lo scienziato che sosteneva che le linee curve in origine erano tutte dritte?

Esatto. Uno dei più grandi rappresentanti della scuola pitagorica fu il filosofo Platone. Platone pensava che tutte le scienze potessero esprimersi in forma geometrica e perciò tutti gli scienziati avrebbero dovuto familiarizzarsi con la geometria implicita nell'astronomia, tracciando le orbite dei pianeti e dimostrando che queste descrivono dei cerchi perfetti ed armoniosi. Già sappiamo che l'armonia è governata da semplici rapporti numerici che generano una musica meravigliosa. Platone come Pitagora, credeva quindi nell'armonia delle sfere celesti. Ambedue ritenevano che i pianeti fossero attaccati a sfere ruotanti e che il rapporto tra i loro raggi fosse armonico, producesse, cioè, una musica celestiale.

Platone scoprì un errore negli argomenti di Democrito e di Parmenide. Voglio dirti di che si tratta e narrarti la genesi di tale scoperta per mostrarti quanto è difficile trovare un errore in una dimostrazione. Già sappiamo che il movimento per esistere ha

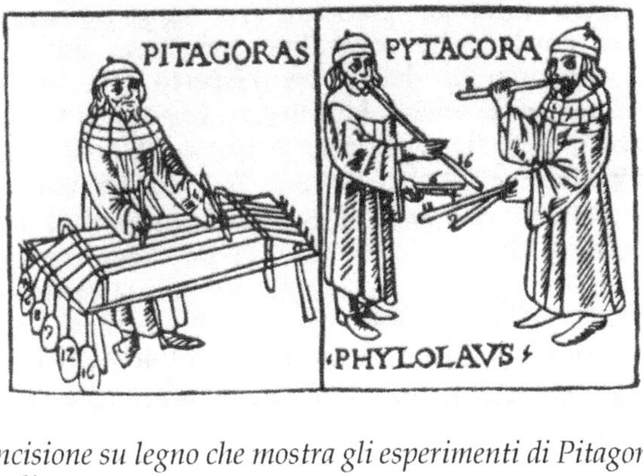

Un'antica incisione su legno che mostra gli esperimenti di Pitagora sugli strumenti musicali.

Platone, 427-347 a.C.

bisogno del vuoto. Sappiamo inoltre che Parmenide, confutando l'esistenza del vuoto negava di conseguenza la possibilità reale del moto, mentre Democrito credendo all'esistenza sia del moto che dello spazio vuoto, era su posizioni antitetiche. Platone scoprì che può esistere dello spazio non vuoto e al tempo stesso del movimento. Ci occorre per l'esperimento un secchio pieno di acqua, e un bastone per rimestare quest'acqua all'interno del recipiente. Ebbene, ciascuna "goccia" della nostra acqua si muove nello spazio prima occupato da un'altra che a sua volta si è mossa: non c'è alcun bisogno di ipotizzare dello spazio vuoto per consentire il moto. Non è semplice? Platone non credeva nemmeno all'esistenza dello spazio vuoto e degli atomi che si muovono al suo interno, anzi, riteneva che lo spazio fosse pieno. Era sua opinione che ogni cosa che si muove nello spazio produce dei cerchi o vortici. Questa sarà, in seguito, anche la teoria sostenuta da Renato Cartesio, uno scienziato seguace di Galileo che visse nel diciassettesimo secolo.

Dopo Platone la scienza subì un lento impoverimento. La scienza greca continuò naturalmente il suo corso anche se in maniera sempre meno viva e originale, per poi dissolversi nelle superstizioni medioevali, costituendo così un argomento di scarso interesse. È per questo che non ce ne occuperemo, facendo un salto di parecchi secoli per giungere direttamente a Cartesio.

Da Platone a Cartesio

Vorrei proprio sapere cosa accadde nel lasso di tempo che intercorre tra Platone e Cartesio: non è concepibile saltare, così a pie' pari, tutti quei secoli.

Per quale motivo non potremmo lasciare da parte Platone e la scienza greca e passare direttamente ad occuparci di Cartesio? In fin dei conti, Cartesio può essere considerato un allievo di Platone. Il Rinascimento, infatti, è contraddistinto da un netto ritorno al pensiero greco: gli scritti degli antichi filosofi furono presi in esame con rinnovato interesse, e senza ombra di dubbio fu Platone il pensatore più amato e seguito, certamente molto più di quanto non lo fosse Aristotele, ad esempio.

Parlami di questo Aristotele: era un pensatore greco?

Sì, Aristotele fu l'ultimo dei grandi filosofi greci e fu tra tutti, il più oscuro e confuso. Le cose, a suo avviso, erano tutte formate da due componenti ben distinte: una è la sostanza nella sua forma esplicita, e l'altra consiste invece nelle infinite possibilità di trasformazione implicite nella sostanza stessa. (Con terminologia più esatta, la sostanza che costituisce una qualsiasi cosa può essere considerata "in atto" o "in potenza"). È un po' come dire che una persona con delle buone qualità ha tutte le possibilità di riuscire nella vita. Un seme, ad esempio, contiene in sé la possibilità di diventare una pianta, cioè in atto è solo un piccolo nucleo dall'aspetto coriaceo. Il mondo si compone dunque di potenzialità e di atti. Ma questo non basta. Aristotele distingue

Aristotele, 384-322 a.C.

infatti quattro elementi fondamentali o sostanze ultime: la terra, l'acqua, l'aria e il fuoco.

È abbastanza difficile capire in che maniera per Aristotele le due entità di potenza ed atto coesistessero con quelle della terra, acqua, aria e fuoco.

Aristotele sosteneva che ogni cosa contiene in sé il perché del proprio essere: l'uomo, ad esempio, è tale solo in quanto possiede le facoltà intellettive; insomma, il fattore che lo differenzia e al tempo stesso lo caratterizza è quello di essere un animale razionale. La caratteristica del legno invece consiste nella capacità di galleggiare e di prendere fuoco. Ogni cosa può essere ricondotta alla sua essenza: ne esiste una per la vaniglia, una per il tè ed una che caratterizza il vino. Mi sapresti dire in che consiste l'essenza del vino o della birra?

Forse si tratta dell'uva?

No, l'uva è soltanto la materia prima con cui è fatto il vino, la sua essenza è l'alcool. Per Aristotele, dunque, la caratteristica che contraddistingue il vino è la sua capacità di rendere ebbro chi lo beve. Ci troviamo così di fronte ad un'altra teoria sulla struttura della materia che non è affatto semplice da conciliare con quella dei quattro elementi e tanto meno con quella della potenza ed atto. Prendiamo l'aria, ad esempio, l'elemento, dei quattro che la costituisce, è senza ombre di dubbio l'aria stessa, ma cosa si deve intendere per un'aria in potenza o in atto? L'aria è leggera ed al pari del fuoco tende a salire verso l'alto.

In effetti una bolla d'aria tende a salire in superficie.

Aristotele spiegava questo fenomeno dicendo che l'aria tende per sua natura verso l'alto.

La teoria di Aristotele non è soltanto sbagliata, presenta anche lati oscuri e di difficile interpretazione. Per descrivere la struttura della materia si serve, infatti, di una ridda di teorie sovrapposte: la potenza e l'atto in contemporanea presenza dei quattro elementi e dell'essenza specifica di ogni cosa. In cima a questo già di per sé poco solido edificio, Aristotele pone una ulteriore teoria, detta delle cause, nella quale si analizza non soltanto l'essenza di una cosa ma anche i motivi e le azioni che la resero tale. La teoria generale di Aristotele è, in realtà, una sapiente mistura delle teorie dei suoi predecessori, ottenuta attingendo qua e là alle idee di molti pensatori, anche eterogenei tra loro. Aristotele possedeva una straordinaria cultura e nella propria teoria sono visibili le tracce di tutte le influenze culturali subite; questo fatto, ovviamente, rende il suo pensiero di non facile interpretazione. Voglio darti subito la prova di quanto dico con un classico esempio aristotelico che è a dir poco tremendo. Dunque se si diluisce una goccia di vino in una gran quantità d'acqua, si ottiene come risultato una soluzione in cui è difficile rintracciare la presenza del vino.

Sì certo, la soluzione risulta molto diluita.

Secondo le teorie atomistiche però, il vino non può essere sparito perché i suoi atomi sono indissolubili.

È vero, non ci avevo pensato.

Tienilo a mente, invece, perché è importante. Se il vino è composto di atomi e ciascun atomo è per definizione inscindibile, ne risulta che il vino non si può diluire al di là di un certo limite. Se invece supponiamo la struttura del vino come un continuo, cioè divisibile all'infinito, lo si può diluire fino a farlo sparire del tutto. Aristotele, attuando una specie di compromesso, riteneva che l'essenza specifica del vino consiste sì nel rendere ebbro chi lo beve, purché tuttavia non lo si diluisca troppo. Insomma l'essenza del vino è tale solo se non lo si annacqua abbondantemente. È evidente che una simile teoria di compromesso tra continuo e discreto deve avere preoccupato non poco Aristotele, anche perché questa presa di posizione veniva a ledere non poco la sua irriducibile avversità per gli atomisti ed a contraddire visibilmente i suoi numerosi scritti contro Democrito.

La confusione che regnava nella teoria di Aristotele è evidente anche in altri esempi. Sosteneva, tanto per dirne uno, che il luogo naturale delle pietre è il centro della terra, mentre l'acqua tende ad un livello superiore e l'aria ad uno ancora più alto, sormontato a sua volta dal luogo naturale del fuoco, al di là del quale si trovano la luna, il sole, i pianeti e le stelle. Aristotele trovò non poche difficoltà a conciliare queste sue teorie con l'incontestabile dato di fatto che le navi, benché costruite con materiali più pesanti dell'acqua, restano a galla e non affondano. Cercò di spiegare il fenomeno ricorrendo alla speciale forma delle navi: la carena, fendendo l'acqua, le impedisce il naturale moto verso l'alto provocando così una reazione sufficiente ad impedire alla nave di colare a picco. Questa spiegazione non solo è poco chiara ma è anche tutt'altro che soddisfacente: la forma di una nave non è certo un dato obiettivo che permette di stabilire senza ombra di dubbio come e perché un corpo più pesante dell'acqua riesca a galleggiare. Ad esempio, com'è che una nave s'inabissa non appena si produce una falla alla sua carena?

Forse perché l'acqua entrando con violenza dalla falla aumenta il peso della nave, che così cola a picco.

Certo, ma secondo Aristotele una nave dovrebbe affondare comunque, essendo più pesante dell'acqua.

Ma, se il materiale con cui è costruita una barca è il legno, e visto che questo comunque galleggia, è evidente che altrettanto fa la barca qualunque sia la sua forma.

Questo è vero, ma com'è, allora, che una nave di metallo non affonda, e perché mai cola a picco, invece, se ha una falla? Aristotele, in base alla sua teoria, non è in grado di rispondere a questi interrogativi; sarà Archimede, quasi un secolo dopo, a fornire la soluzione adeguata. Aristotele sosteneva che Platone aveva delle teorie molto oscure, ma sta di fatto che dobbiamo ad Archimede, suo seguace, una risposta a questi problemi, e non alla scuola aristotelica. Ci furono anche altri scienziati che, in un'epoca successiva ad Aristotele, abbracciarono le tesi di Platone, dando così grande impulso alla geometria ed ottenendo anche qualche buon risultato in fisica, ma ben presto l'autorità di Aristotele divenne indiscussa e nessuno osò più contrastarla. La scienza, in seguito al declino della civiltà greca e alla contemporanea presa del potere da parte dei romani, perse quasi tutto il suo prestigio. I romani, infatti, davano molta più importanza alla quantità delle nozioni sapute piuttosto che alla loro qualità scientifica; stando così le cose è evidente che Aristotele, uomo d'indubbia erudizione, non poteva non avere un grande ascendente sulla cultura latina. Dopo la caduta dell'Impero romano, l'Europa piombò negli anni bui del Medio Evo: le persone in grado di leggere si contavano sulla punta delle dita e nessuno si occupò più del pensiero greco. L'enorme eredità culturale lasciata dalla Grecia fu invece raccolta e tramandata dagli arabi e da tutto il mondo islamico: Aristotele era considerato il più grande pensatore che mai fosse esistito, sia in Spagna sia nel Nord Africa sia in Persia. Malgrado le divergenze religiose, il mondo cristiano e quello mussulmano ebbero frequenti contatti e un numero sempre maggiore di cristiani conobbe le opere di Aristotele che vennero così tradotte dall'arabo in latino. Passarono, tuttavia, ancora molti secoli prima che gli studiosi europei fossero in grado di utilizzare direttamente i testi aristotelici originali, scritti in greco. Esattamente, è solo a partire dal tredicesimo secolo che un gran numero di studiosi si dedicò all'analisi delle opere scientifiche di Aristotele. Nessuno di loro capì a fondo il pensiero aristotelico e piuttosto che pensare ad un errore di Aristotele, preferirono recriminare la loro ignoranza di fronte ad un passo oscuro e di difficile interpretazione.

Sicché Aristotele era infallibile!

Proprio così: in quei tempi si credeva che Aristotele avesse sempre ragione essendo l'uomo più geniale ed erudito che mai fosse vissuto sulla terra. Con il passare degli anni, divenne sempre più difficile dissentire delle idee di Aristotele: chi mostrava tanto ardire, correva il serio pericolo di venir bruciato su di un rogo. Durante il Medio Evo, tuttavia, si sviluppò una corrente di pensiero tutt'altro che favorevole alla indiscussa ed ufficiale autorità aristotelica; costoro mal sopportavano questa sua egemonia culturale perché lo consideravano un autore troppo scientifico ed arido. In realtà, gli antiaristotelici erano dei mistici contrari ad ogni forma di scienza.

Anche loro pensavano, al pari di Parmenide, che dietro la multiforme faccia del mondo si celasse una sola essenza?

Proprio così: essendo dei mistici, ritenevano che la strada per raggiungere la verità non fosse quella della scienza ma quella della contemplazione e della religione. La sapienza non si acquista con il pensiero e l'esperienza ma solo divenendo parte integrante del substrato universale. La maggior parte di questi pensatori mistici si rifaceva alle idee di Pitagora. Ti ricordi, per caso, qual era l'idea chiave del pensiero pitagorico?

Sì certo: tutto ciò che esiste è numerabile.

Fu così che i mistici medioevali, in ossequio al loro maestro, si adoperarono a scoprire il numero insito in ogni sorta di oggetti. Persino la Bibbia e gli altri testi sacri venivano analizzati ed interpretati secondo precisi rapporti numerici. Si procedeva grosso modo così: prima si calcolava il numero delle lettere contenute in un dato passo, poi si attribuiva ad ogni lettera un preciso valore, stabilendo, ad esempio, che A è uguale ad uno, B uguale a due, C uguale a tre e così via per tutto l'alfabeto. Dopo aver compiuto questo lavoro d'analisi venivano comparati tra loro i blocchi di numeri ottenuti. Nel Rinascimento, il pensiero mistico vede la sua stagione più fulgida: il ritorno all'antica cultura greca segnò un rinnovato interesse per Platone (seguace di Pitagora) a sfavore di Aristotele troppo posteriore a Pitagora per averne potuto subire l'influenza. Keplero e Galileo furono entrambi artefici di questa rivolta contro l'autorità aristotelica, mentre Cartesio e Newton sono da considerare come gli ultimi grandi pitagorici europei. Ed eccoci così tornati al nostro punto di partenza: Cartesio. Voglio sperare che tu ti ritenga soddisfatto di quanto abbiamo detto: adesso hai sufficienti elementi per colmare gli anni che intercorrono tra Platone e Cartesio.

11. Giovedì

La teoria dell'universo secondo Cartesio

Cartesio è, come già sappiamo, un seguace di Galileo. Al pari del maestro, infatti, si rifiutò di seguire pedissequamente gli schemi imposti dalla tradizione culturale, sostenendo insieme a Bacone che il mezzo migliore per sbarazzarsene consiste proprio nel troncare di netto con le superstizioni imposte dall'alto. Per questo motivo Cartesio volle partire da zero, lasciando da parte ogni preconcetto, in maniera tale da costruire una scienza, finalmente, priva di errori e di superstizioni.

Una scienza priva di errori! Ma, chiunque commette degli sbagli.

Sì, certo, nessuno è infallibile ma ciononostante Cartesio e Bacone credevano di aver trovato la causa prima di ogni errore: la superstizione. Per ottenere una scienza perfetta, dunque, basta ripercorrere dall'inizio e con estrema cura, tutte le tappe del percorso conoscitivo.

Fosse così facile...

Tuttavia questa teoria non è priva d'interesse e di fascino, soprattutto se si considera che la scienza moderna le è in qualche modo debitrice. Non dimentichiamoci inoltre che la scienza, sebbene imperfetta, è pur tuttavia l'espressione più esatta del nostro pensiero; quindi non è che Cartesio e Bacone si sbagliassero di molto, non ti pare?

Mettendola in questi termini, forse, non avevano tutti i torti.

Renato Cartesio, 1595-1650.

I tradizionalisti sono persone che, come dice il loro nome, seguono la tradizione ottemperando a tutti i precetti dell'educazione ricevuta; i radicali, al contrario, non danno un eccessivo peso all'esempio degli antichi e preferiscono ragionare con la loro testa. Il termine "radicale" trae la sua origine dal latino *radix* che significa appunto radice; i radicali infatti, non fidandosi delle costruzioni altrui, ripartono dalle fondamenta.

Sia la scuola empirista di Bacone, sia quella di Cartesio erano ambedue caratterizzate da una forte dose di radicalismo, benché gli uni pensassero di fondare la scienza basandosi sull'osservazione sperimentale, mentre gli altri sul puro pensiero. Ai nostri giorni, queste forme di radicalismo assoluto non godono più il favore unanime dei grandi scienziati, eppure, come ben vedi, ai tempi di Cartesio non era così.

Cartesio fondò il suo pensiero sul dubbio: non dobbiamo credere nemmeno a ciò che vediamo con i nostri occhi, perché l'immagine potrebbe essere un sogno ingannevole.

Proprio come diceva Parmenide!

Attenzione: Parmenide sosteneva che ogni immagine è un sogno, mentre per Cartesio potrebbe esserlo. Ti è chiara la sfumatura?

Sì, ma si tratta di una sfumatura molto tenue.

Sì certo, si tratta di due pensieri molto simili, tuttavia la differenza è ben visibile: in un caso, infatti, bisogna distinguere cos'è un sogno da cosa non lo è, mentre nell'altro basta dimostrare, molto più semplicemente, che ogni oggetto percepito dalla vista è un'illusione.

Cartesio, dunque, fonda il suo pensiero sullo scetticismo più radicale. C'è una sola cosa della quale non possiamo dubitare, perché è la condizione necessaria e sufficiente al nostro stesso dubbio: il pensiero.

Ma perché Cartesio era convinto di dover dubitare di ogni cosa?

Perché tutto ciò che gli avevano insegnato era pieno di errori, e lui non voleva commetterne: bisogna credere soltanto a ciò di cui è possibile dimostrare l'esattezza.

Sono un po' perplesso: com'è che Cartesio pur essendo un seguace di Platone, dichiara di non voler seguire l'insegnamento di nessuno?

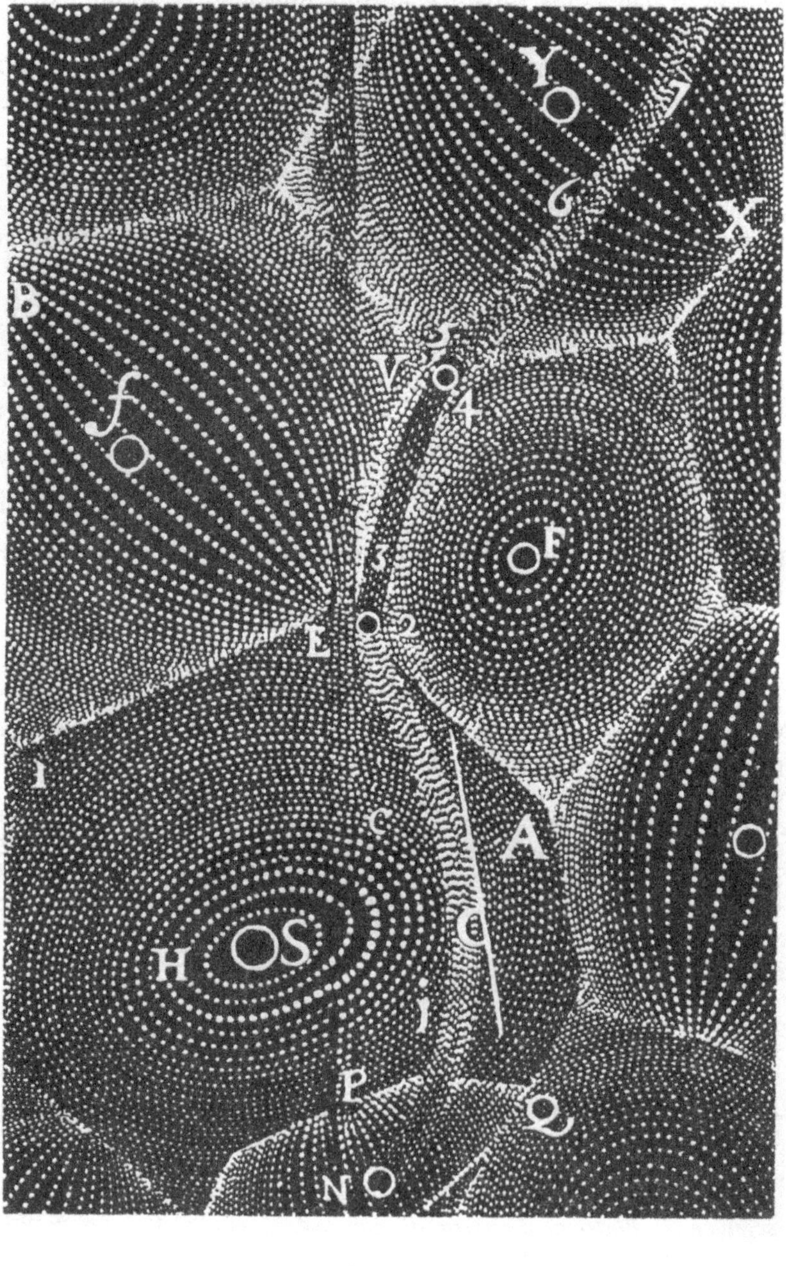

I vortici di Cartesio.

Non è poi così contraddittorio come sembra, in primo luogo perché non è possibile ricominciare da zero se prima non ci è stato nulla, e poi perché Cartesio non segue in tutto e per tutto i particolari della dottrina platonica, ma sottoscrive solo quei giudizi che si possono dimostrare. In realtà, non dimostrò un bel niente, ma ciò nonostante il suo pensiero è chiaro e lineare. Cartesio, dubitando di ogni cosa, eccetto il pensiero, giunge a dimostrare la propria esistenza. Tu sei sicuro di esistere?

Senz'altro. Tutto ciò che si vede esiste.

Ricordati che Cartesio non ne era così sicuro, potrebbe essere tutto un sogno. Tuttavia anche se la realtà fosse frutto dell'immaginario, il soggetto che vive questo sogno è sicuramente esistente. Perciò, l'unica cosa di cui sono assolutamente certo è che io esisto, mentre lo sono un po' meno nell'affermare che questo è un tavolo o che questa è proprio la mia gamba.

Tutto ciò è abbastanza strano.

Ti ho già detto che la scienza, a volte, può essere decisamente bizzarra.

Quest'ultima affermazione è indubbiamente la cosa più strana che tu mi abbia detto fin ora.

Sì è vero. Comunque, pur dubitando perfino dell'esistenza del mio corpo, pur pensando che la realtà che mi circonda non è che un sogno, io sono qui a sognare e quindi esisto. Ma cosa sono e da dove provengo? Per Cartesio l'uomo è creato da Dio e questa è la prova della sua esistenza. Se dunque Dio esiste possiamo essere certi che almeno lui non mente, ti pare?

Sì.

Allora ogni nostra idea sul mondo che risulti chiara e distinta deve necessariamente essere vera. Infatti, se per assurdo si ottenesse il falso come risultato di un ragionamento chiaro e distinto, ciò significherebbe che Dio ha creato il mondo con un errore, cosa impossibile perché Dio è infallibile. Come vedi, Cartesio fa della chiarezza una religione.

Come si chiama questa religione?

Non credo abbia un nome, ma se vuoi potremmo chiamarla "intellettualismo". Per Cartesio le sole discipline che si possono ottenere procedendo con un ragionamento veramente esatto sono la geometria ed una semplice teoria delle cause. Per quanto riguarda il moto dei corpi, questo avviene, per Cartesio, sempre in linea retta e con una velocità fissa, fintantoché il corpo non va a sbattere contro un altro: l'urto che ne deriva imprime al corpo una diversa velocità e un differente verso, che restano costanti fino alla prossima collisione.

Le cose sono in continua collisione tra loro, in un incessante moto vorticoso, che spinge le une al posto delle altre, permettendo così il movimento nello spazio totalmente pieno. Questo moto vorticoso, dunque, fa sì che le cose descrivano delle traiettorie curvilinee che possono intersecarsi ad ogni istante. Nella teoria di Cartesio il mondo è simile ad un grande orologio in cui i denti di un ingranaggio s'incastrano girando con quelli di un altro. L'universo è pieno di atomi o particelle delle più svariate forme che si spingono a vicenda; il sistema solare è un cronometro perfettissimo, e altrettanto si può dire dei cani, dei gatti e delle piante: se le rotelle che li compongono non sono visibili ad occhio nudo, è solo perché si tratta di ingranaggi microscopici. Ad esempio, la terra si muove in moto circolare intorno al sole, non è vero?

Più esattamente descrive un'ellisse.

Ma Cartesio questo non lo sapeva benché Keplero avesse già pubblicato le sue opere. Dunque Cartesio pensava che la terra, spinta da infinite particelle, descrivesse un'orbita circolare anziché muoversi di moto rettilineo uniforme come sarebbe stato per sua naturale inclinazione. Le sottilissime particelle che producono tale effetto sono fatte d'etere, un elemento molto più fine dell'aria, il cui movimento vorticoso è però così violento da costringere la terra a ruotare intorno al sole.

Ma questo fenomeno non è dovuto alla forza di gravità?

Sì certo, ma la forza di gravità è una scoperta di Newton non di Cartesio, che riteneva anzi il concetto di forza confuso e misterioso.

Come spiegava allora Cartesio la caduta dei gravi?

Per Cartesio un grave cade al suolo perché sospinto dal moto vorticoso dell'etere. Le cose, insomma, si muoverebbero secondo una reazione a catena, le une spingendo le altre come fossero palle da biliardo. Il fatto che tutte le forze agiscano solo conferendo una spinta è abbastanza strano; si esclude a priori, per esempio, che un oggetto possa essere sottoposto a trazione. Di esempi in questo senso se ne possono trovare molti: sai dirmene uno?

Certo, si può tirare un oggetto con una fune.

Cartesio ti risponderebbe che questo è solo apparentemente un esempio di trazione, in realtà si tratta anche in questo caso di una spinta: l'oggetto tirato è al tempo stesso vincolato alla fune.

Sì certo, è legato proprio perché la corda lo possa tirare.

Esatto, ma se l'oggetto e legato alla corda allora è la corda a tirare in avanti l'oggetto che così è spinto! Ad esempio, si dice comunemente che un cavallo tira un carretto, ma a ben guardare il cavallo è bardato con i finimenti, e lui spinge questi, non tira il carretto. Ma facciamo ancora un esempio: supponi di sollevare dal suolo un secchio colmo d'acqua. Pensi di tirarlo, vero?

Sì, a meno che non lo sollevo per il fondo.

Certo, in questo caso è evidente che si tratta di una spinta, ma è la stessa cosa se lo prendi per il manico, in realtà stai spingendo il manico.

Ma non è vero – insisté Aaron – *se afferro il secchio nella parte superiore lo sto tirando!*

Cartesio non sarebbe affatto d'accordo: qualunque parte tu usi per sollevare il secchio, lo stai sempre spingendo.

Insomma, la teoria di Cartesio si può riassumere così: i corpi si muovono secondo la legge d'inerzia, ovvero di moto rettilineo uniforme, fintantoché non avviene una collisione che trasmette il moto da un corpo all'altro, ma la quantità totale di moto resta sempre invariata. Ovviamente alla teoria di Cartesio si possono fare numerose critiche, ma di questo parleremo un altro giorno. Comunque, benché si tratti di una teoria alquanto bizzarra si deve ammettere che è sufficientemente chiara, non sei d'accordo?

12. Venerdì

La fisica cartesiana, ovvero tutto si muove per effetto della spinta subita

Cosa ne pensava Cartesio dei satelliti artificiali?

Beh, tanto per incominciare Cartesio non conosceva la forza di gravità, e poi bisogna tener presente che per lui i corpi si possono muovere solo di moto rettilineo uniforme.

Sì, ma questo non impedisce loro di sbattere contro altri corpi!

Esatto, ed è proprio per questo che una pietra gettata in alto cade giù: urta, infatti, contro i vortici d'etere nei quali ruota la terra. Com'è, allora, secondo te, che la luna non cade?

Perché si trova nella parte esterna dello spazio.

Che intendi per «parte esterna dello spazio»? Un oggetto cade per quello che urta, non per dove sta.

Già, dimenticavo i vortici: sicché la luna non precipita perché un vortice la sostiene.

Proprio così, un vortice d'altra natura rispetto a quello terrestre: se una pietra riuscisse a liberarsi dal vortice della terra entrerebbe in quello lunare diventando così un satellite a tutti gli effetti. Cartesio quindi pensa che è possibile produrre dei satelliti artificiali.

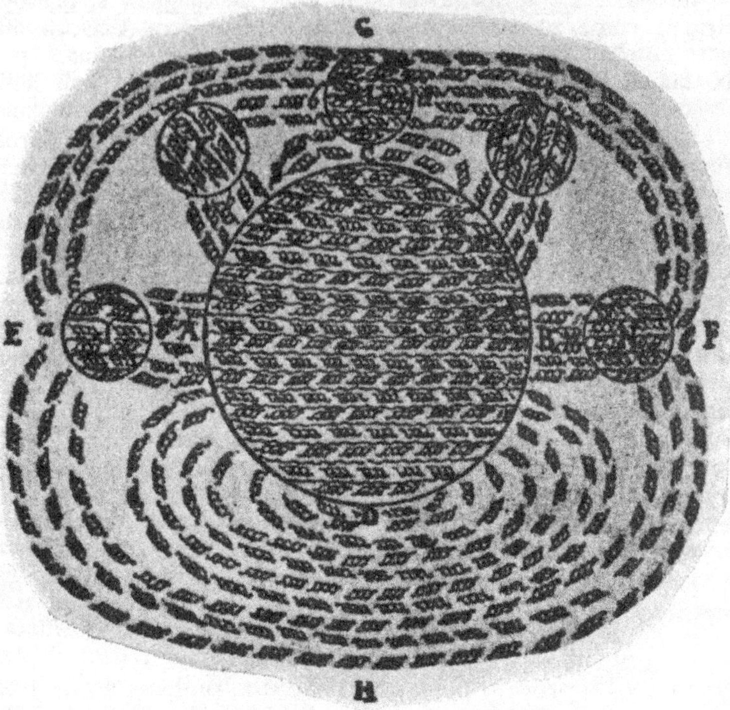

La teoria del magnetismo di Cartesio (dal suo Principia Philosophiae *edito nel 1644).*

Cartesio sapeva cosa bisogna fare per proiettare una pietra così lontano?

No, non era in grado di fornire i calcoli esatti, perché non ne sapeva abbastanza di questi vortici, d'altronde non poteva saperne di più, visto che in realtà non esistono.

Ma allora, tutto è dovuto alla forza di gravità!

Certo, ma a tutt'oggi non siamo in grado di dimostrare con assoluta certezza che la teoria dei vortici cartesiana è errata, possiamo solo constatare che non spiega alcuni fenomeni, né tanto meno ci illumina sul loro susseguirsi.

Ad esempio, sai cosa accade se due magneti sono posti vicini?

Vanno a sbattere l'uno contro l'altro.

Esatto, e ciò è dovuto al fatto che due magneti si possono attrarre, come, al contrario, si possono respingere. Ciascun magnete possiede un polo sud ed un polo nord, così chiamato perché indica il nord geografico. Si dà il caso che due poli dello stesso segno si respingono e due di segno opposto si attraggono.

Ma, secondo Cartesio, repulsione e attrazione sono parole oscure e prive di senso, mentre la spinta esercitata sulle particelle e la loro collisione sono gli unici argomenti atti a spiegare in maniera rigorosa il fenomeno del magnetismo. Per Cartesio, dunque, sono i vortici d'etere che turbinano attorno ai magneti a spingerli l'uno contro l'altro. Ma, se accettiamo l'ipotesi dei vortici, urtiamo subito contro due grossi problemi: in primo luogo, l'assoluta impossibilità di accertarne la presenza, e poi la difficoltà di spiegare per quale arcano mistero un vortice dovrebbe seguire sempre un magnete, dovunque questo si trovi. Comunque, criticare Cartesio resta pur sempre una bella impresa, anche laddove la sua teoria fa acqua come in questo caso. Insomma, com'è che la gente credette alla teoria di Cartesio anche senza poter vedere con i propri occhi il vortice della gravità e quello del magnetismo?

Perché lui sosteneva che i vortici sono fatti di particelle microscopiche.

E perché mai bisognava crederci?

Beh, probabilmente era la teoria migliore che offriva la piazza. Nell'impossibilità di decidere se quello che diceva era falso o no, preferirono credergli.

Certo che non avevano alcun mezzo per accertarsi della veridicità della teoria di Cartesio, ma ciò nonostante la diedero per buona: perché?

Perché era la sola.

No, questo non è vero. Ad esempio, potevano credere ad Aristotele, o meglio ancora non credere a nessuno: lo stesso Cartesio insieme a Bacone aveva insegnato a non fidarsi di niente, se non quando è possibile darne una esauriente spiegazione.
Eppure credettero a Cartesio: come mai?

Mi arrendo: proprio non lo so.

Bene, i motivi sono due: in primo luogo perché la teoria di Cartesio risulta chiara e coerente.

Vuoi dire che è più chiara delle altre.

Esatto: è la più chiara di tutte, anzi i suoi contemporanei credevano che fosse la massima espressione possibile in fatto di chiarezza, perché spiegava un fenomeno complesso come quello del moto, nei semplici termini di una spinta. Il secondo motivo del consenso alla teoria cartesiana va ricercato nel suo innegabile successo. Esaminiamo un po' più da vicino le cause di questo successo. Ti ricordi degli esempi che abbiamo esaminato per dimostrare che, in ogni caso, un movimento è causato sempre da una spinta, anche quando sembra una trazione, come nel caso del cavallo con il carretto?

Sì, il cavallo, in realtà, spinge i suoi finimenti.

Giusto. C'è un altro esempio, forse ancora più bello, che dimostra come ogni movimento, che apparentemente sembra provocato da una trazione, è dovuto in realtà ad una spinta, proprio come sostenevano Cartesio e Galileo. Questo esempio fu trovato, con grande abilità, da Evangelista Torricelli, un altro seguace di Galileo, vissuto negli stessi anni di Cartesio. Torricelli si occupava di tutti i fenomeni connessi all'aspirazione di un liquido. Esempi di aspirazione sono familiari a tutti: bere una birra con la cannuccia, oppure aspirare l'acqua da un pozzo. Bene, secondo te, con la cannuccia *tiri su* la bibita o la spingi?

La tiri su aspirando l'aria nei polmoni.

In che maniera?

Aspiri l'aria che si trova nella cannuccia e il vuoto prodotto fa sì che la bibita salga in alto.

La tua è una spiegazione di chiara marca aristotelica: per Aristotele, infatti, è il vuoto a spingere in alto i fluidi. Questa teoria si chiama *horror vacuii* e significa "terrore del vuoto". La natura, per Aristotele, teme il vuoto, e così per riempire quello prodotto all'interno della cannuccia fa salire il liquido. Comunque questa teoria aristotelica è priva di senso, la spiegazione esatta del fenomeno è un'altra: è la pressione dell'aria esterna alla cannuccia che provoca la salita dell'acqua.

Come sarebbe a dire acqua? Non era una bibita?

Sì, hai ragione. Ma, non è poi così essenziale per il nostro esempio specificare la natura del liquido, non ti pare?

Beh, hai ragione!

Come ben vedi, non è il caso di pignoleggiare quando non occorre. Ma, proseguiamo nel nostro discorso. Le pompe aspiranti funzionano solo a patto di non pretendere che il liquido salga molto in alto, in particolare l'altezza non deve superare i dieci metri circa. Insomma per bere una bibita non devi mai usare una cannuccia più alta di dieci metri. Fin dal Medio Evo, si sapeva che per prosciugare le miniere, bisognava procedere con dei pozzi di profondità non superiori ai dieci metri. Secondo la teoria di Aristotele, invece, non dovrebbe avere alcuna importanza l'altezza della pompa aspirante, perché qualunque essa sia, basta aspirare l'aria, e l'acqua dovrebbe automaticamente salire per riempire il vuoto: dico bene?

Sì.

Quindi la teoria di Aristotele è sbagliata; ma come ben sai, a quei tempi, si facevano carte false piuttosto che non credere all'autorità aristotelica. Torricelli, invece, sfruttando la teoria della spinta, ebbe una idea molto brillante, e al tempo stesso di grande interesse scientifico, perché prende in considerazione anche lo spazio esterno all'atmosfera. Dunque, secondo lui, l'acqua raggiunge al massimo la quota di dieci metri perché l'aria ha una estensione limitata in altezza, cioè al di là dell'atmosfera non c'è più aria. Per questo motivo la pressione atmosferica non può esercitare la sua influenza per spingere in alto l'acqua oltre un certo limite. Se si usa del mercurio al posto dell'acqua, l'altezza massima a cui può arrivare il liquido è di circa 760 millimetri, e questo perché la densità del mercurio è dieci volte maggiore di quella dell'acqua. Bene, occupiamoci un po' più in dettaglio di questa teoria, e vediamo quali sono le critiche che le si possono muovere. Supponiamo dunque, che il fenomeno dell'aspirazione sia dovuto alla pressione atmosferica, cosa accadrà allora alla colonnina di mercurio se la pressione decresce?

Si abbasserà in maniera direttamente proporzionale.

E, se al contrario, la pressione aumenta?

Anche in questo caso, crescerà in proporzione.

Esatto, ma come si fa ad abbassare la pressione?

Beh, veramente non saprei.

Non è vero, lo sai benissimo; com'è la pressione dell'aria nelle alte quote?

Minore che sulla terra. È per questo che gli abitacoli degli aerei sono pressurizzati: il corpo umano è abituato alla forte pressione terrestre.

Se portiamo una colonnina di mercurio ad alta quota, che accade?

Biagio Pascal, 1623-1662.

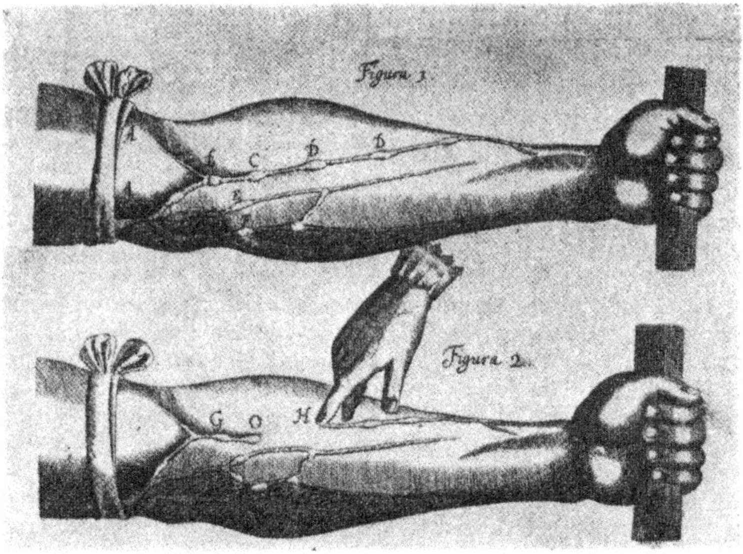

Illustrazione dal De Motu Cordis *(1628) di William Harvey, nella quale è descritta per la prima volta la circolazione sanguigna.*

Decresce vertiginosamente.

Bene, sarà proprio questo l'esame che ci permetterà di giudicare la teoria di Torricelli. L'esperimento fu condotto per la prima volta da Biagio Pascal, uno scienziato francese del diciassettesimo secolo, di poco posteriore a Cartesio. Pascal, dunque, portò in cima ad una montagna la colonnina di mercurio e constatò che effettivamente si abbassava. In realtà ebbe molta fortuna nello scegliere, probabilmente senza volere, proprio il giorno adatto all'esperimento, perché il tempo atmosferico ha una notevole influenza sulla pressione. Comunque sia, sta di fatto che anche la teoria di Torricelli beneficiò della fortuna di Pascal. La pressione quindi decresce in maniera inversamente proporzionale alla quota, ed è a causa di questo fatto che le cabine degli aerei devono essere pressurizzate, per non parlare poi, degli abitacoli all'interno delle astronavi che viaggiano ben oltre l'atmosfera terrestre.

Vuoi dire che oltre una certa quota l'aria non esiste affatto?

Proprio così, e non dimentichiamoci che Torricelli arrivò a questa conclusione sfruttando la teoria della spinta. Una teoria, quindi, anche se falsa, può essere utile a nuove scoperte.

Questo è molto interessante, ma come può accadere una cosa del genere? Dopo tutto si tratta pur sempre di una teoria falsa.

Sì, la teoria secondo cui ogni movimento è dovuto ad una spinta, è falsa, ma non si può dire altrettanto nel caso particolare dell'aspirazione dei fluidi. Su questo punto sia Cartesio che Torricelli avevano ampiamente ragione. Non solo ma questo non è l'unico caso in cui la teoria di Cartesio si dimostrò esatta. In quegli anni viveva in Inghilterra un famoso dottore di nome William Harvey, al quale dobbiamo la scoperta che il cuore non è altro che una pompa a pressione. Harvey calcolò con molta precisione la quantità di sangue che il cuore è in grado di spingere attraverso il corpo umano. Tentò di calcolare anche a quale pressione deve essere sottoposto il sangue perché si possa muovere dal basso in alto e viceversa.

Vuoi dire che una parte del sangue sale, mentre contemporaneamente l'altra metà discende?

Proprio così. Il sangue infatti, partendo dal cuore, raggiunge sia le gambe, che sono situate in basso, sia la testa che è invece in alto e poi dalle due periferie torna al punto di partenza. È evidente che occorre una certa pressione per poter pompare il sangue in questa maniera e tale pressione può essere calcolata. Dunque la circolazione sanguigna che parte dal cuore e ad esso ritorna, è un circolo chiuso, o meglio un vortice.

Un vortice?

Sì, un vortice, cioè un cammino obbligato lungo il quale si esplica il moto. Ti ricordi dei vortici cartesiani? Ebbene, la circolazione sanguigna è proprio un tipo particolare di vortice.

Dunque, ricapitolando, la teoria di Cartesio è falsa, ma ovviamente ai suoi tempi questo non era noto. Anzi, laddove la verifica sperimentale era possibile, come nel caso dei fenomeni di aspirazione e della circolazione sanguigna si constatò la sua esattezza, ma non fu invece possibile dimostrare altrettanto per i vortici dei magneti e della gravità. In una situazione così incerta, com'è che prevalse l'idea dell'inesattezza della teoria di Cartesio? Il motivo è abbastanza strano: se la gravità è dovuta a dei vortici, allora tutti i corpi pesanti avrebbero dovuto ruotare attorno al sole nella stessa direzione, quella appunto del vortice solare. Ai tempi di Cartesio, questo fatto era considerato senz'altro vero, ed anche ai nostri giorni si può constatare che la maggior parte dei pianeti si muove nello stesso verso. Sai il perché?

No.

In effetti, il vero motivo non ci è noto nemmeno oggi. La maggior parte dei pianeti, anzi la totalità se ci riferiamo a quelli noti trecento anni fa, si muove nella stessa direzione intorno al sole. Cartesio aveva spiegato il fenomeno, dicendo che i vortici solari si muovono tutti nella stessa direzione. Ma nel 1661 gli astronomi scopersero una cometa che viaggiava placidamente nella direzione sbagliata. Quindi la teoria dei vortici di Cartesio era falsa. Immagina, infatti, di avere una tazza di thè nella quale sono rimaste alcune foglioline, se fai ruotare il liquido (che rappresenta il vortice) le foglie (cioè i pianeti) si muoveranno tutte nella medesima direzione. Ti sembra possibile che una delle foglioline viaggi in senso contrario?

No, sarebbe assurdo.

Dal 1661 s'incominciò, così, a pensare che la teoria di Cartesio sul sistema solare non fosse del tutto esatta. Newton scoprì dov'era l'errore e indicò anche un modo per risolvere il problema. La cosa più divertente, comunque, è che anche Newton credeva alla validità della teoria di Cartesio, riteneva anzi che la propria ne fosse solo un utile complemento. Newton, insomma, era convinto che prima o poi si sarebbe riusciti a far rientrare nella più generale teoria delle spinte anche la forza di gravità. In realtà, avvenne proprio il contrario; la teoria cartesiana cadde in disuso e tutti gli scienziati divennero fautori di Newton.

Bacone, Boyle, ma soprattutto Newton

L'altra settimana abbiamo parlato ampiamente sia di Copernico che di Galileo: al primo dobbiamo una delle più grandi rivoluzioni scientifiche, al secondo il merito di aver capito per primo l'importanza di tale evento. Galileo dimostrò, infatti, che per accettare le tesi copernicane bisognava avere il coraggio di cambiare radicalmente non solo l'astronomia ma anche i fondamenti di tutta la scienza.

Forse è il caso di occuparci un po' più da vicino di Bacone, perché anche lui, a suo modo, operò una vera e propria rivoluzione scientifica.

Per caso la sua rivoluzione consisteva nell'osservare le cose e studiare i fatti?

Proprio così. Per Bacone, al contrario di Galileo e Cartesio che ponevano la chiarezza del pensiero innanzi a tutto, teorizzare ancora prima di aver esaminato i fatti provoca una serie di preconcetti buoni solo a pregiudicare le veridicità dell'analisi; bisogna invece per prima cosa raccogliere i dati e poi lasciare che essi parlino da soli. Bacone, malgrado si occupasse di scienza, non era uno scienziato, ma un uomo politico: ricoprì le più alte cariche del Regno Unito compresa quella di primo ministro. Questa sua posizione di non addetto ai lavori, fece sì che le sue teorie non godessero di una grande fama tra gli scienziati suoi contemporanei. Bacone invitava gli scienziati ad attenersi strettamente ai fatti e ad esibire sempre prove concrete, a non perdersi, insomma, nelle vuote astrattezze teoriche non controllabili

Frontespizio della prima edizione del Novum Organum *di Francesco Bacone, pubblicata nel 1620.*

Bacone, alla cui ispirazione si deve la nascita della *Royal Society*, ritrasse la scienza come una nave che si avventura tra le colonne di Ercole, ai confini del mondo.

con nessun esperimento, proprio come aveva fatto Copernico, comportandosi più da ciarlatano che da scienziato. Quando la veridicità di una teoria è avallata dai fatti, non possono sorgere tra gli scienziati dispute o spiacevoli acredini, ma ognuno dovrà arrendersi all'evidenza, a tutto beneficio della scienza che resterà immune dagli errori.

Indubbiamente, nemmeno Galileo voleva una scienza piena di errori, ma con molto più ottimismo pensava che ci fosse sempre un modo per correggerli. Bacone invece riteneva gli errori dei germi pericolosissimi, che una volta infiltrati nelle teorie di uno scienziato ne compromettono ogni ulteriore sviluppo. Nelle questioni scientifiche, perciò, è bene procedere lentamente e con cautela, non fare mai, cioè, i passi più lunghi delle proprie gambe. Malgrado queste divergenze, c'era un punto sul quale sia Bacone che Galileo erano d'accordo: la tradizione non deve pesare sugli scienziati che, al contrario, devono essere liberi di scegliere la strada che più ritengono giusta.

Avevamo detto che Cartesio e Galileo possono essere definiti degli "intellettualismi", Bacone è invece un "empirista".

Un empirista è dunque uno che crede solo ai propri occhi partendo direttamente dai fatti.

Sì, studia prima i fatti e poi teorizza. Abbiamo visto come l'influenza di Bacone presso i suoi contemporanei non era molto forte: alcuni scienziati lo consideravano addirittura un pensatore poco serio. William Harvey, il medico al quale dobbiamo la scoperta che il cuore è una pompa, conobbe personalmente Bacone e non lo giudicò un uomo molto brillante. Eppure Bacone ebbe uno o due idee veramente interessanti. In quei tempi l'insegnamento nelle Università era monopolio della Chiesa, ovviamente di quella Apostolica Romana nei paesi cattolici e di quella Protestante in Inghilterra. Bacone fu il primo ad auspicare delle università non più guidate dalla religione ma dalla scienza, in maniera tale che in cattedra non salissero più dei sacerdoti ma degli scienziati. Dopo la sua morte, alcuni studiosi si adoperarono affinché il suo sogno di una università laica, aperta alla sperimentazione ed alle nuove idee, divenisse una realtà. L'università così concepita

Lo scettro della Royal Society, regalato da re Carlo II nel 1660.

avrebbe dovuto svolgere un ruolo sociale di grande importanza per tutto il paese, ed il suo rettore sarebbe divenuto un uomo di notevole prestigio, un uomo da applaudire in strada.

Subito dopo la guerra civile inglese, un gruppo di giovani studiosi cercò di fondare una università che godesse di queste caratteristiche. Il frutto dei loro sforzi fu la Royal Society con sede in Londra, il cui scopo era incrementare la ricerca nelle scienze naturali. La Royal Society fu istituita sotto la protezione di re Carlo II che la fondò con uno speciale editto. Tutti i maggiori scienziati inglesi aderirono a questa società e potettero così, per la prima volta nella storia, riunirsi liberamente e discutere problemi con-

La sala delle riunioni della Royal Society nella Somerset House.

nessi alla scienza, non disdegnando argomenti quali la ingegneria navale o la fabbricazione della polvere da sparo. I fondatori della Royal Society credevano fermamente che, mettendo insieme le descrizioni dei semplici fatti, avrebbero dato vita ad una nuova scienza, alba di una nuova era, in cui le macchine avrebbero fatto il lavoro dell'uomo e dove la prosperità sarebbe stata alla portata di tutti.

Nel 1600 la scienza viveva nello stretto ambito universitario, e le università, come abbiamo già detto, erano tutte governate da religiosi. A quel tempo la confessione religiosa che godeva di maggior potere era la Chiesa cattolica, che non vedeva di gran buon occhio lo sviluppo della scienza. Tuttavia dopo il processo di Galileo, la pressione esercitata dalla Chiesa fu meno evidente, Cartesio, ad esempio, non ebbe alcun problema, ma non per questo si sentì tranquillo: la Francia, sua terra natale, era cattolica e così preferì vivere in esilio in un paese protestante.

Robert Boyle, 1627-1691.

Nel 1660, a soli sessant'anni di distanza, la scienza non era più sotto il monopolio delle università o delle confessioni religiose: i membri della Royal Society erano liberi di credere a ciò che sembrava loro più conveniente. Tuttavia, benché la Royal Society fosse nata su un'idea di Bacone, i suoi membri erano tutti copernicani...

Fautori, cioè, dell'eliocentrismo dell'universo.

E cartesiani.

Credevano quindi che ogni corpo si muove di moto rettilineo uniforme fino a che non urta contro un altro.

Il membro più importante della Royal Society era Robert Boyle, un grande filosofo e scienziato che scoprì una importantissima legge sull'elasticità dell'aria. È probabile che a te non sia mai venuto in mente di considerare l'aria come un mezzo elastico, eppure quando si getta un pallone in alto, l'aria lo fa rimbalzare indietro. Inoltre l'aria si può comprimere e quando è compressa tende ad espandersi. Queste reazioni elastiche dell'aria furono studiate a fondo da Robert Boyle. Nell'ambito di questi studi Boyle ideò un decompressore di cui si servì per analizzare la pressione dell'aria ed i barometri. Come ben vedi, dopo l'esperimento di Torricelli, la pressione atmosferica era diventata un argomento di grande attualità nel mondo scientifico. Boyle formulò una legge la quale stabilisce che, in un gas a temperatura costante la pressione è inversamente proporzionale al volume, cioè se la pressione aumenta il volume decresce. Ad esempio, per aumentare la pressione dei pneumatici di una macchina basta immettere l'aria al loro interno. Robert Boyle credeva nella teoria atomista e questo lo costrinse ad operare qualche lieve cambiamento nella filosofia cartesiana: la materia non riempie completamente lo spazio e gli atomi si muovono nel vuoto di moto rettilineo uniforme fintantoché...

Non sbattono l'uno contro l'altro!

Giusto, la filosofia meccanicista di Boyle si basa proprio su questo principio. Per Boyle il mondo è composto dallo spazio vuoto e da alcune particelle dalle forme più svariate, dette atomi, che si muovono di moto rettilineo uniforme finché non intervengono forze esterne sufficienti a modificarlo. Se tali forze sono costanti, può anche accadere che costringano le particelle a muoversi lungo orbite fisse, come nel caso dei pianeti che descrivono delle ellissi o nel caso del cuore che agisce come una pompa. Insomma, Boyle prese molto sul serio la scoperta del vuoto fatta da Torricelli. Come pensi che avrebbe reagito Cartesio di fronte al vuoto? Ed il vuoto, per lui, sarebbe stato veramente tale?

No.

D'accordo, ma se esiste dello spazio privo di aria, che cosa lo rende pieno per Cartesio?

L'etere.

Com'è che non possiamo vedere questo etere?

Beh, perché non esiste!

Bada, questo è quello che pensiamo noi, Cartesio non sarebbe stato affatto d'accordo. Com'è allora che non possiamo vedere l'etere?

Perché è microscopico.

Proprio così: le sue particelle sono talmente sottili da essere microscopiche. In quei tempi esisteva una grande disputa scientifica tra le due maggiori correnti che si erano sviluppate all'interno del cartesianesimo: gli uni, fedeli al maestro, non credevano all'esistenza del vuoto (ed erano chiamati per questo "lenisti", in quanto sostenevano che tutto lo spazio è pieno, cioè *plenum*, di materia) gli altri, tra cui Boyle, sostenevano invece l'esistenza del vuoto (i "vacuisti", appunto). Comunque i due gruppi erano d'accordo su di un punto: le forze sono solo collisioni tra le particelle.

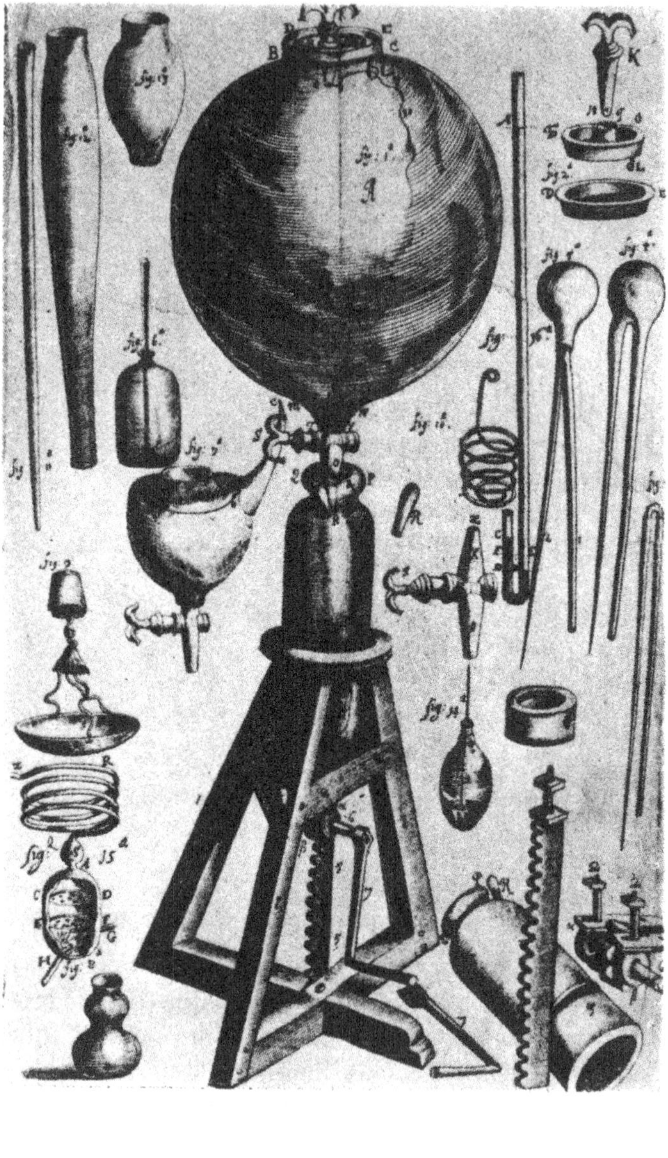

Il decompressore di Boyle, con il quale riuscì a compiere numerosi esperimenti sulle principali proprietà fisiche dell'aria.

Questo era il clima scientifico che respirò Isacco Newton nei suoi anni di scuola, ma malgrado ciò ebbe il coraggio rivoluzionario di dichiarare che esiste qualcosa, detta comunemente "forza", che agisce a distanza.

Ai più grandi scienziati dell'epoca, la teoria newtoniana sembrò molto bizzarra e stupefacente. Da un lato infatti, si trattava di una teoria molto affascinante, in grado di fornire i calcoli esatti degli eventi e del loro susseguirsi nel tempo, dall'altro rappresentava una sorta di passo indietro perché il concetto di forza che agisce a distanza non si può certo dire chiaro e distinto: ci sono fenomeni, come quello delle maree, ad esempio, che sono difficili da capire. La teoria newtoniana delle forze provocò una grande disputa tra gli scienziati dell'epoca: «Esistono realmente le forze?». «In che maniera le forze agiscono a distanza?». «Da che mondo è mondo, una causa è tale in quanto precede da vicino l'effetto, come fa una causa ad agire su grandi distanze?».

Ho capito, ho capito. Ma io vorrei arrivare subito ai satelliti artificiali.

Ma non è solo la teoria newtoniana delle forze che ci permette di calcolare la spinta necessaria al lancio di un satellite; non appena ti avrò dato un'idea generale di questa teoria, ti renderai conto di cos'altro occorre per mandare effettivamente in orbita un satellite.

Già, è vero, ci volle molto tempo prima che un satellite fosse lanciato davvero.

Sì certo, ci vollero quasi tre secoli da quando fu pubblicata la teoria di Newton nel 1687. Tra non molto, dunque, esattamente nel 1987, celebreremo il tricentenario della pubblicazione della maggiore opera newtoniana: *Principi matematici della filosofia naturale*[*].

Com'è che ci sono voluti più o meno trecento anni per poter usare i calcoli di Newton?

[*] Il testo qui presentato è stato pubblicato nell'edizione originale del 1968 [*N.d.R.*].

Isacco Newton, 1642-1727.

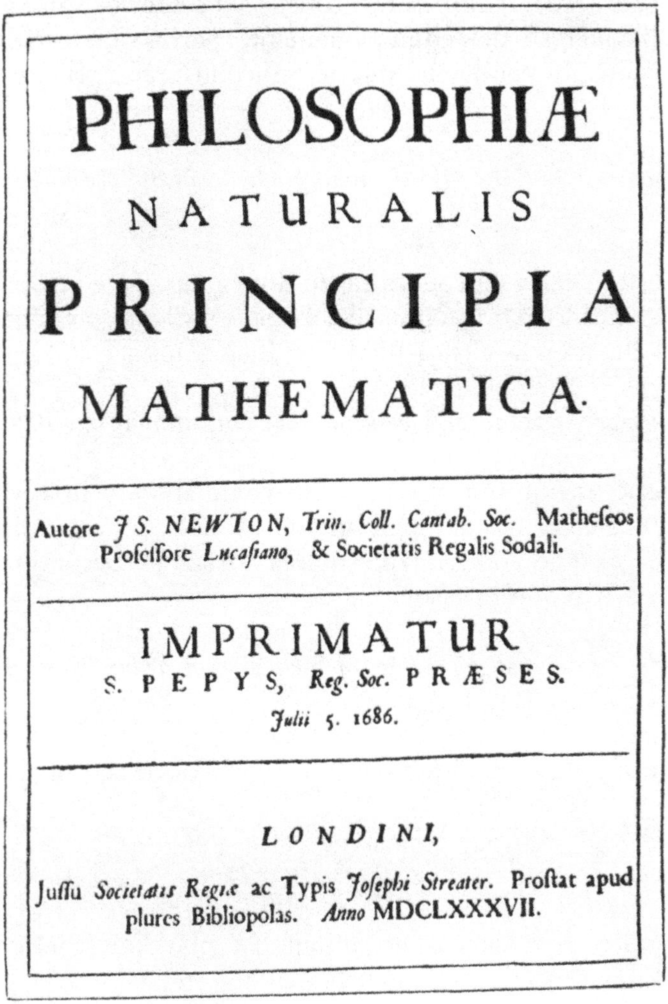

PHILOSOPHIÆ

NATURALIS

PRINCIPIA

MATHEMATICA.

Autore *JS. NEWTON*, *Trin. Coll. Cantab. Soc.* Matheſeos Profeſſore *Lucaſiano*, & Societatis Regalis Sodali.

IMPRIMATUR

S. PEPYS, *Reg. Soc.* PRÆSES.

Julii 5. 1686.

LONDINI,

Juſſu *Societatis Regiæ* ac Typis *Joſephi Streater*. Proſtat apud plures Bibliopolas. *Anno* MDCLXXXVII.

Frontespizio della prima edizione dei Principi matematici della filosofia naturale *di Newton, pubblicata nel 1687.*

Non esisteva un propellente adatto. I razzi che lanciamo oggigiorno non sono poi differenti da quelli che potevano essere costruiti all'epoca, ma il propellente di cui disponiamo oggi è tutt'altra cosa da quello che era a disposizione trecento anni fa.

Inoltre, a quei tempi, non si conosceva come costruire le tute spaziali ed il resto dell'equipaggiamento: perfino ai nostri giorni, i primi satelliti, per evitare queste difficoltà, erano privi di equipaggi.

Per non contare che oggi siamo in grado di controllare anche le traiettorie di un razzo.

Questo è vero. Perché un razzo divenga un satellite, occorre che sia lanciato in orizzontale e non come si crede comunemente verso l'alto, perché altrimenti il satellite precipita.

Non sapevo che i razzi dovessero essere lanciati in orizzontale.

Pensaci un attimo. Se un razzo viene sparato in verticale, quando ha consumato tutto il propellente si troverà così distante dalla terra da non poterne più subire l'attrazione. Secondo te che accadrebbe in questo caso?

Uscirebbe dal sistema solare o forse andrebbe a sbattere contro un altro pianeta.

Esatto: procederà di moto rettilineo uniforme secondo la legge…

D'inerzia.

E rispetterà questa legge fintantoché non cadrà nel campo gravitazionale di un altro pianeta o di una stella.

O del sole.

Perché no: anche il sole è una stella. Supponiamo, ora, che il razzo bruci tutto il suo combustibile prima ancora di essere uscito dal campo gravitazionale terrestre, che accadrà?

Ricadrà giù.

Sì, ma non immediatamente. Lo stesso accade ad una palla o ad una pietra lanciata in aria.

Sale fino ad un certo punto e poi ricade giù, il razzo quindi salirà fintantoché non perderà la sua inerzia.

Esatto, solo che per una pietra la ricaduta è immediata, a meno che non sia stata lanciata molto in alto. Supponi di lanciarla ad una velocità di circa trenta metri al secondo: e che la velocità decresca di dieci metri al secondo, dopo tre secondi la sua velocità sarà...

Zero.

E poi perde altri dieci metri al secondo, e questo significa che la pietra...

Cade giù.

Alla velocità di dieci metri il secondo. Quindi, dopo un secondo, la velocità sarà di venti metri al secondo, giusto?

Sì certo, e dopo tre secondi sarà di trenta metri al secondo.

Quindi se un razzo è lanciato con troppa forza...

Esce dal sistema solare oppure si schianta su di un altro pianeta.

Se invece, al contrario, viene lanciato con poca forza...

Ricade sulla terra.

Quindi l'unico mezzo per mantenere un satellite in orbita è...

Non lo so.

Costringerlo ad andare in orizzontale come fa la luna!

In orizzontale?

Certo: si manda il razzo in alto fino ad un certo punto, poi tramite dei telecomandi lo si costringe a cambiare direzione e lo si manda di lato. Ma se la velocità è eccessiva, anche nella nuova direzione, che succede?

Anche in questo caso, uscirà dal sistema solare a meno che non urti contro un altro pianeta.

E se la spinta fosse troppo debole?

Cadrebbe sulla terra.

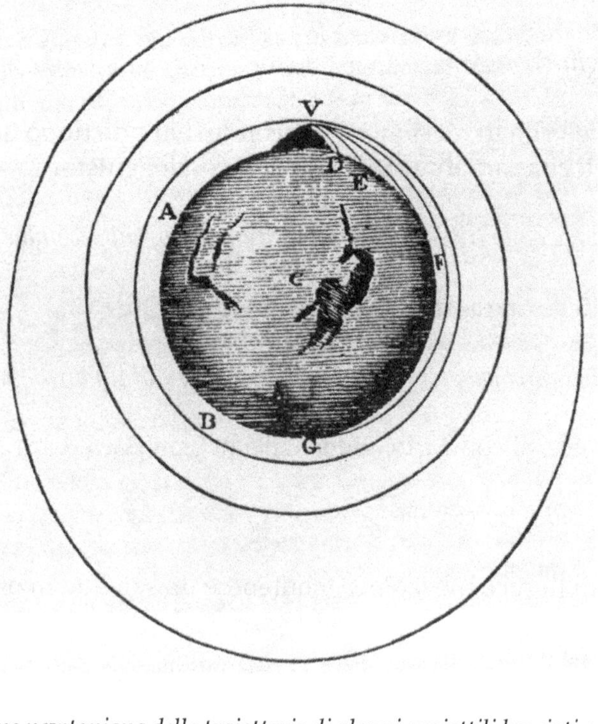

Descrizione newtoniana delle traiettorie di alcuni proiettili lanciati orizzontalmente da diverse altezze della superficie terrestre.

[12]

AXIOMATA SIVE LEGES MOTUS

Lex. I.

Corpus omne perſeverare in ſtatu ſuo quieſcendi vel movendi uniformiter in directum, niſi quatenus a viribus impreſſis cogitur ſtatum illum mutare.

PRojectilia perſeverant in motibus ſuis niſi quatenus a reſiſtentia aeris retardantur & vi gravitatis impelluntur deorſum. Trochus, cujus partes cohærendo perpetuo retrahunt ſeſe a motibus rectilineis, non ceſſat rotari niſi quatenus ab aere retardatur. Majora autem Planetarum & Cometarum corpora motus ſuos & progreſſivos & circulares in ſpatiis minus reſiſtentibus factos conſervant diutius.

Lex. II.

Mutationem motus proportionalem eſſe vi motrici impreſſæ, & fieri ſecundum lineam rectam qua vis illa imprimitur.

Si vis aliqua motum quemvis generet, dupla duplum, tripla triplum generabit, ſive ſimul & ſemel, ſive gradatim & ſucceſſive impreſſa fuerit. Et hic motus quoniam in eandem ſemper plagam cum vi generatrice determinatur, ſi corpus antea movebatur, motui ejus vel conſpiranti additur, vel contrario ſubducitur, vel oblique oblique adjicitur, & cum eo ſecundum utriuſq; determinationem componitur.

Lex. III.

All'inizio dei Principia *Newton diede l'esatta formulazione delle leggi che governano il moto dei corpi. Riportiamo qui la versione originale nell'edizione del 1687.*

[13]

Lex. III.

Actioni contrariam semper & æqualem esse reactionem: sive corporum duorum actiones in se mutuo semper esse æquales & in partes contrarias dirigi.

Quicquid premit vel trahit alterum, tantundem ab eo premitur vel trahitur. Siquis lapidem digito premit, premitur & hujus digitus a lapide. Si equus lapidem funi allegatum trahit, retrahetur etiam & equus æqualiter in lapidem: nam funis utrinq; distentus eodem relaxandi se conatu urgebit Equum versus lapidem, ac lapidem versus equum, tantumq; impediet progressum unius quantum promovet progressum alterius. Si corpus aliquod in corpus aliud impingens, motum ejus vi sua quomodocunq: mutaverit, idem quoque vicissim in motu proprio eandem mutationem in partem contrariam vi alterius (ob æqualitatem pressionis mutuæ) subibit. His actionibus æquales fiunt mutationes non velocitatum sed motuum, (scilicet in corporibus non aliunde impeditis:) Mutationes enim velocitatum, in contrarias itidem partes factæ, quia motus æqualiter mutantur, sunt corporibus reciproce proportionales.

Corol. I.

Corpus viribus conjunctis diagonalem parallelogrammi eodem tempore describere, quo latera separatis.

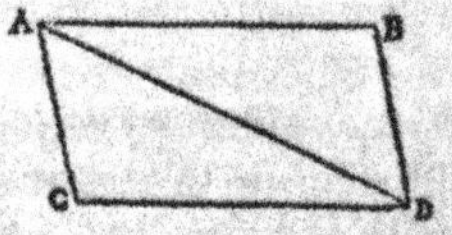

Si corpus dato tempore, vi sola *M*, ferretur ab *A* ad *B*, & vi sola *N*, ab *A* ad *C*, compleatur parallelogrammum *ABDC*, & vi utraq; feretur id eodem tempore ab *A* ad *D*. Nam quoniam vis *N* agit secundum lineam *AC* ipsi *BD* parallelam, hæc vis nihil mutabit velocitatem accedendi ad lineam illam *BD* a vi altera genitam. Accedet igitur corpus eodem tempore ad lineam *BD* sive vis *N* imprimatur, sive non, atq; adeo in fine illius temporis reperietur alicubi in linea illa

Quindi, la spinta ideale da imprimere affinché un satellite orbiti attorno alla terra sarà compresa tra questi due valori di massimo e minimo.

Con la spinta giusta il satellite orbiterà attorno alla terra come la luna.

Esatto: i satelliti sono costruiti proprio con questi principi, che rispondono esattamente ai calcoli fatti secondo la teoria di Newton. Infatti, più si va in alto più ci si allontana dal campo gravitazionale terrestre e più decresce il fattore di accelerazione in caduta. Questo fattore altro non è se non la forza di gravità la chiave di volta di tutta la teoria newtoniana.

Maggiore è la distanza dalla terra, minore è la forza di gravità. Se siamo, ad esempio, ad una distanza doppia dalla terra il nostro peso sarà quattro volte più piccolo, se la distanza è tripla il peso diminuirà di nove volte, cioè tre per tre. Se siamo ad una distanza quadrupla...

La gravità decrescerà in ragione di sedici volte, ovvero quattro per quattro.

Ciò è noto come la «legge degli inversi dei quadrati». Inverso significa "opposto", cioè il suo valore decresce con l'aumentare della distanza e "quadrato" significa che il tasso di impoverimento della forza di gravità si calcola elevando al quadrato il valore della distanza.

Newton si occupò anche del concetto di forza in generale e in quest'ambito puntualizzò due fatti molto importanti. Se avremo tempo, ti mostrerò come tali fatti si ottengono abbastanza facilmente sviluppando le idee contenute in due leggi cartesiane, o più precisamente sviluppando l'interpretazione che di queste leggi diede il grande seguace di Cartesio, Spinoza. Ma è noto come sia Cartesio che Spinoza non amassero parlare di forze, nemmeno là dove sarebbe stato necessario, quindi per ora tralasciamo la loro influenza e limitiamoci ad esaminare i due principi newtoniani sulle forze.

Il primo principio afferma che la stessa quantità di forza ha una azione differente se è applicata ad un corpo più leggero di un altro. Per imprimere un'eguale accelerazione a due corpi di differente peso bisogna applicare una forza minore al corpo più leggero. Questa resistenza alla forza è nota come "massa" cosicché potremmo dire che un corpo più massiccio ha bisogno di una forza maggiore per essere spinto. In altri termini questa legge di Newton afferma che la forza agente su un corpo è data dal prodotto della massa del corpo per la sua accelerazione. Il secondo principio di Newton sull'azione e reazione è anch'esso molto importante. Se ti do una spinta oppure ti tiro verso di me, tu fai altrettanto nei miei confronti: mi sarebbe impossibile fare qualunque azione senza provocare da parte tua una reazione uguale e contraria. Tieni presente, inoltre, che il moto che ti farei compiere sia dandoti una spinta sia tirandoti verso di me può essere solo un moto rettilineo, cioè la forza che agisce tra due corpi si può esprimere con una linea retta.

Ho capito: la terra mi tira a sé ed io faccio altrettanto nei suoi confronti. Chi ci capisce è bravo!

Vuoi dire che stenti a credere ad una simile affermazione anche se capisci benissimo che è vera, non è così?

Certo: dove lo trovi uno disposto a credere che il suo corpo attrae la terra?

Attenzione, la seconda legge di Newton dice che una forza agisce tanto più violentemente su di un oggetto quanto minore è la sua massa. Ora, chi ha più massa, tu o la terra?

La terra.

Ovviamente. Quindi, la terra non risente dell'attrazione che ha nei tuoi confronti, mentre tu avverti benissimo la sua. La teoria di Newton costituisce senza dubbio un gran salto qualitativo nei confronti di quella di Cartesio.

La teoria di Newton ci consente sì di calcolare la velocità necessaria affinché un satellite resti in orbita, tuttavia per capire a fondo i principi newtoniani occorre studiare concetti molto difficili e oscuri come quello della forza e della massa. I membri della Royal Society (Newton ne era membro) desideravano invece che le teorie fossero chiare e distinte perché fondate direttamente sull'osservazione dei fatti. Newton forniva loro una splendida teoria che spiegava perfettamente una grande quantità di fenomeni ma non era affatto una teoria chiara, né tanto meno si basava su dati sperimentali. Poveri membri della Royal Society, vivevano proprio una epoca travagliata! Gli scienziati avevano creduto fermamente all'unificazione della scienza, ed ecco che sotto i loro occhi si profilava tutt'altro: che avrebbero dovuto fare secondo te?

Cambiare la scienza.

E pensi che sia facile? Vedi, nemmeno Newton amava la sua teoria e l'avrebbe voluta diversa.

Come sarebbe a dire che Newton non amava la sua teoria?

Eppure è vero. Non era soddisfatto del concetto di forza perché al suo posto avrebbe preferito...

La spinta.

Sì, Newton credeva alla teoria cartesiana e avrebbe voluto che la sua teoria fosse il più possibile conforme alle idee di Cartesio, ma non ci riuscì, benché lui e la sua scuola vi provassero in ogni modo. Perché non ci riuscì? Semplicemente perché Cartesio aveva torto. Così poco alla volta gli studiosi abbandonarono la teoria della spinta. Anche l'intellettualismo cartesiano che predicava la supremazia del pensiero finì per essere abbandonato, e gli scienziati incominciarono a seguire Newton e Bacone. L'ansia di fatti concreti e di sperimentazione spinse gli scienziati a credere a Newton, la cui teoria soddisfaceva alle loro esigenze. Presto incominciarono a credere che Newton non aveva commesso errori e che la scienza era proprio come Newton la descriveva: avevano dunque una scienza finalmente esatta.

Ancora Newton e un accenno ad Einstein

Direi che vale la pena di continuare a parlare ancora un po' di Newton, perché una teoria come la sua, così utile ed interessante lo merita proprio. Avevamo visto come la teoria newtoniana ci consente di calcolare la velocità necessaria affinché un satellite possa entrare in orbita attorno alla terra senza precipitare. Come pensi che il carburante riesca a fornire ai motori di un razzo la spinta necessaria?

Non lo so.

Bene, te lo dirò io. Il combustibile di un razzo è fatto di un materiale che si trasforma rapidamente in gas. Per esempio, se si surriscalda un composto di ossigeno liquido ed idrogeno si ottiene, dopo una bella esplosione, dell'acqua a temperatura elevatissima.

Non si ottiene del vapore?

Proprio così, ed il vapore acqueo è un mezzo elastico.

Davvero?

Sì, molto elastico. Ora se lasciamo che il composto di idrogeno liquido e di ossigeno esploda all'interno della testata di un missile otteniamo una grande quantità di vapore, che come ogni cosa elastica, tenderà ad espandersi. Come diceva la legge di Newton sull'azione e reazione?

Se ti spingo o ti tiro, ottengo da parte tua una reazione uguale e contraria.

Dunque, il razzo produce del vapore, che espandendosi spinge in una direzione, mentre il razzo, per la legge di Newton, è spinto nel verso opposto.

Ah, capisco: il razzo corre nella direzione contraria alla fuoriuscita del carburante.

Come sai, possiamo controllare la direzione del razzo: nella fase di lancio il propellente fuoriesce da un'apertura posteriore consentendo così la salita del razzo, poi ad una certa quota si fa in maniera che il getto esca lateralmente. Cosa pensi che accadrà in questa seconda fase?

Il razzo cambierà direzione: non seguirà più una traiettoria verticale ma orizzontale, nel verso opposto al getto del carburante.

Occorre una grande quantità di carburante affinché il razzo si alzi da terra, sai dirmi il perché?

No.

Invece lo sai benissimo. La legge di Newton sulla forza ci insegna quanto sia importante la massa di un corpo; ora, chi ha massa maggiore, il razzo o il carburante?

Il razzo.

Certamente. Quindi il razzo ha bisogno di una forza maggiore: bisogna bruciare molto carburante perché si riesca a farlo muovere. Conoscendo le leggi di Newton sull'azione e reazione e sulla forza, nonché la potenza del carburante e la massa del razzo, si può calcolare la quantità di carburante necessaria al momento del lancio ed anche quella che occorre a spingere il razzo in orizzontale in modo tale che entri in orbita. Con gli stessi dati di partenza si può calcolare agevolmente anche la quantità di carburante necessaria ad un cambiamento di rotta, come ad esempio il rientro degli astronauti sulla terra. Questi esempi mostrano chiaramente l'importanza della teoria di Newton per ogni calcolo meccanico.

La teoria di Newton fornisce anche una solida spiegazione alla teoria della gravità di Galileo. Penso che tu non abbia alcuna difficoltà a ricordare che secondo Galileo la gravità ha lo stesso valore ovunque; Newton dimostrò, con abili esperimenti, che in realtà non è proprio così ma che la differenza è talmente piccola da poter essere trascurata.

La teoria di Newton dà anche una chiara spiegazione del perché i pianeti si muovono descrivendo delle ellissi come aveva detto Keplero. La legge della gravità espressa in termini di inverso dei quadrati spiega perché un pianeta non si muove di un moto perfettamente ellissoidale rispetto al sole. Se ci fosse un solo pianeta, accadrebbe in effetti proprio questo, ma poiché il sistema solare è composto da più pianeti bisogna calcolare anche la reciproca attrazione tra i loro campi gravitazionali. Per esem-

Il telescopio di Newton, che si trova ora presso la sede della Royal Society a Londra.

pio, quando Giove e Saturno si trovano molto vicini, l'attrazione è talmente forte che Giove non descrive più un'ellisse perfetta. Un fenomeno di questo tipo viene chiamato "irregolarità". Di regola, dunque, i pianeti descrivono un'ellisse perché il campo gravitazionale del sole, data la sua massa, è il più forte di tutti, ma quando due pianeti vengono a trovarsi vicini la loro reciproca attrazione è tale da sfasare l'ellittica. Queste irregolarità furono osservate fin dai tempi di Newton, che le calcolò e ne diede una spiegazione.

Anche la terra subisce degli stati d'irregolarità?

Questa è una domanda molto interessante. Innanzitutto, per essere precisi, secondo Newton si è sempre in uno stato di non equilibrio perché l'attrazione reciproca tra i pianeti sussiste sempre.

Comunque, per non essere troppo pedanti, si può agevolmente trascurare l'influenza dei pianeti più distanti e quindi la nostra orbita è quasi un'ellisse perfetta. Tuttavia, quando la terra è vicina a Marte si ha una lieve irregolarità; alla tua domanda bisogna quindi rispondere affermativamente.

Che conseguenza ha questa irregolarità?

Niente di grave, ma se ne deve tenere conto perché i calcoli astronomici risultino esatti, in maniera da ottenere una precisa conoscenza dei movimenti delle stelle. Tale conoscenza è utile alla compilazione dei calendari ed alla sicurezza della navigazione. Un altro fenomeno che all'interno della teoria di Newton trova un'adeguata spiegazione è la marea. Come vedi, la teoria di Newton gode del più vasto successo, almeno finché i moderni telescopi non furono in grado di mostrare le sue pecche attraverso misurazioni sempre più precise.

Newton dunque aveva commesso degli errori, eppure la sua teoria è valida per i satelliti!

Albert Einstein, 1879-1955.

Certo, non solo è valida per i satelliti ma anche per un mucchio di altre cose, ma questo, tuttavia, non significa che la teoria di Newton sia la depositaria della verità assoluta. Senz'altro si tratta di un'ottima teoria, la migliore che si potesse avere all'epoca, ma non per questo è la migliore in assoluto.

Qual è la migliore in assoluto?

Per molte generazioni, quasi duecento anni, la teoria di Newton fu considerata la migliore e lo era effettivamente, ma solo relativamente all'epoca, oggi disponiamo di meglio.

Qual è lo scienziato che ha superato Newton?

Einstein. Ma benché la sua teoria sia più esatta di quella di Newton, non significa affatto che non ce ne potranno essere di migliori, anzi lo stesso Einstein era convinto del contrario.

Qual era, allora, per Einstein la migliore delle teorie?

Nessuna: la sua, ad esempio, era decisamente buona, ma non per questo non si poteva ottenere di meglio. E a questo fine si adoperò per tutta la vita. Oggi gli scienziati non credono più ai valori assoluti: una teoria, per quanto perfetta, potrà sempre essere migliorata.

Per te, qual è oggi la teoria migliore?

Senza dubbio quella di Einstein, ma ovviamente non si tratta della migliore possibile. Tra un anno, forse, alcuni scienziati particolarmente creativi, potrebbero elaborare una teoria migliore. Bacone diceva che limitandosi a prendere nota dei puri fatti non si giunge mai ad un errore, e si ottiene così una teoria perfetta. Ma, una volta scartata per ovvi motivi l'ipotesi che gli scienziati siano infallibili, ne consegue che nessuna teoria conterrà verità assolute e come tali insuperabili, perciò niente esclude che domani si possa avere una teoria migliore.

Forse si potrebbe avere ogni giorno una teoria migliore.

Perché no? Questo è proprio quanto afferma la nuova concezione di progresso scientifico. Non importa quanto siano buone le teorie odierne, si spera sempre che domani, lavorando sodo ed avendo un po' di fortuna, se ne possano ottenere di migliori.

Ogni giorno più avanti, dunque.

Proprio così.

Ma potrebbe arrivare il giorno in cui la teoria prodotta è veramente perfetta, e quindi insuperabile.

Certo, non si può escludere l'ipotesi che un bel giorno si raggiunga la verità assoluta. Certo, questo significherebbe una battuta d'arresto per il progresso, ma non bisogna temere questa ipotesi, perché le cose da sapere sono talmente tante che si può sempre andare avanti, se solo lo si vuole.

Pensi che questo sia veramente progresso?

Questa è davvero una buona domanda!

Forse posso azzardare una risposta: non si sa!

Eccellente, ma non è tutto, perché se è vero che non siamo in grado di dare una definizione rigorosa di progresso, tuttavia qualche idea in proposito ce l'abbiamo. Per esempio, sappiamo con certezza che la teoria di Einstein è migliore di quella di Newton. Ti ho già detto che usando dei telescopi molto potenti si possono effettuare delle osservazioni precisissime che dimostrano come alcune ipotesi di Newton non sono vere. I risultati di queste osservazioni possono invece venir spiegati agevolmente servendosi della teoria einsteiniana. Einstein, dunque, non ha commesso gli errori di Newton. Insomma per avere del progresso occorre verificare le teorie a nostra disposizione con molta attenzione e sfrondarle dagli errori.

Si potrebbe fare, allora, una grande teoria che includa tutte le ipotesi delle teorie studiate finora, compresa quella di Einstein?

No, questo non è proprio possibile perché la teoria di Einstein è in contraddizione con quella di Newton proprio come quest'ultima e quella di Galileo, lo sono nei confronti di tutte le altre. La teoria di Galileo affermava che la forza di gravità è costante in ogni luogo, mentre per Newton non è esattamente così: la gravità è una forza che agisce anche ad enormi distanze, tuttavia decresce in maniera direttamente proporzionale alla distanza dalla terra. Per Einstein infine, le cose non stanno esattamente così: la forza di gravità si muove fuori di un corpo alla velocità della luce.

Possiamo dire che la teoria di Galileo o quella di Keplero, è una buona approssimazione di quella newtoniana, proprio come quest'ultima lo è nei confronti della teoria di Einstein. Ciò significa che i risultati che si ottengono applicando la teoria di Newton sono circa gli stessi che si hanno nei casi standard, usando la teoria di Einstein. Anche i risultati di Galileo sono approssimativamente gli stessi di quelli ottenuti da Newton per i casi standard. Per mandare degli astronauti nello spazio, ad esempio, occorre servirsi della teoria di Newton, non di quella di Galileo, proprio come si deve usare quella einsteiniana per i razzi ad altissima velocità.

Tutte le teorie possono essere considerate delle approssimazioni più o meno esatte delle teorie successive. Nel Medio Evo si credeva che i pianeti si muovessero di moto circolare uniforme anche se a volte le loro orbite non *sembravano* tali, ma all'epoca non diedero molto peso a questo particolare, e quindi non si fecero scrupolo di correggere i loro calcoli quando ciò era necessario. Keplero calcolò i valori delle orbite circolari alla perfezione e vide che questi valori non corrispondevano affatto ai dati ottenuti dalle osservazioni, e così non si accontentò delle precedenti approssimazioni. Le approssimazioni, infatti, per quanto buone possano essere, rappresentano sempre una tappa del processo scientifico e mai lo stadio finale. Comunque, una teoria che sia una buona approssimazione è già di per sé un'ottima teoria, come quella di Newton, ad esempio, dove la differenza tra le ipotesi e l'osservazione nei casi più comuni è talmente piccola da poter essere tranquillamente trascurata. È per questo che ci serviamo della teoria di Newton per calcolare la traiettoria dei razzi o dei satelliti; tuttavia va tenuto presente che la scienza non è solo applicazione pratica. Gli scienziati teorici si propongono come fine ultimo delle loro ricerche la verità, e non importa se questa combacia o meno con la realtà pratica. Nessuno, oggi, crede alle idee che sostengono le teorie di Galileo, di Keplero o di Newton, anche se queste vengono utilizzate quotidianamente a livello pratico dagli ingegneri.

Va bene, comunque proseguiamo nella storia della scienza. Che avvenne nel periodo tra Newton e Einstein?

D'accordo: occupiamoci dei consensi alla teoria newtoniana, ma anche dei dissensi, perché è da loro che nasce la teoria einsteniana. Parleremo quindi soprattutto di quegli scienziati che non ritenendo sufficienti le idee di Newton, ne svilupparono delle nuove.

TERZA SETTIMANA

Lunedì:
Leibniz

Martedì:
Gli atomi elettici non esistono

Mercoledì:
Newton aveva ragione o torto?

Giovedì:
Molte teorie e poca chiarezza sull'etere

Venerdì:
Chi sono mai io,
per combattere
da solo contro
l'intero universo?

Sabato:
Le linee di forza del magnetismo

Domenica:
Da Faraday ad Einstein.
Da Einstein al futuro

Leibniz

Noi siamo ormai consci che, per quanto strano possa sembrare, nella scienza non è mai possibile essere del tutto chiari, specie se si tratta di una teoria ancora in via di formazione. Oggi, per esempio, nessuno si permetterebbe di essere adirato nei confronti del danese Niels Bohr, uno dei maggiori fisici atomici del ventesimo secolo e grande amico di Einstein, solo perché la sua teoria è particolarmente difficile in quanto si occupa di argomenti nuovi e complicati. Nel diciassettesimo secolo, invece, erano tutti pronti a scagliarsi contro uno scienziato se questi non annunciava una teoria più che chiara. Ai nostri giorni, invece, i maggiori scienziati non sono più dei dogmatici e sono quindi disposti a cambiare il loro punto di vista sulla scienza, consci del fatto che le teorie scientifiche non sono altro che ipotesi.

Ipotesi?

Le "ipotesi" sono delle "congetture" e quindi se gli scienziati fanno delle congetture, possono ben sbagliarsi, non ti pare?

Certo.

Nel diciannovesimo secolo, circa una sessantacinquina di anni fa, un noto matematico francese di nome Henri Poincaré scrisse un libro intitolato *Scienza e ipotesi* nel quale sottolineò come nella scienza si proceda in effetti per congetture. Alcune ipotesi sono, per Poincaré, addirittura pericolose, si tratta: «Innanzitutto di quelle tacite ed inconsce, che vengono formulate senza che se ne abbia una chiara coscienza e che risultano proprio per questo difficili da rimuovere». Insomma, Poincaré voleva metterci in guardia contro l'eccessiva sicurezza in noi stessi.

Ernst Mach, fu un grande scienziato del diciannovesimo secolo e scrisse una storia della meccanica nella quale criticò le teorie di Newton. Einstein lesse questo libro e fu particolarmente colpito dall'idea che la scienza non dice mai verità assolute. Questo nuovo atteggiamento nei confronti della scienza e la disinvoltura con cui si ammetteva che Newton non è l'ultima parola in fatto di meccanica, giocarono un ruolo tutt'altro che secondario nell'incoraggiare il giovane Einstein, che aveva solo ventiquattro o venticinque anni, quando, con la mente sgombra da preconcetti, si accinse a scrivere la sua prima teoria. Questa liberalità di vedute nei confronti della scienza si sviluppò molto lentamente dai tempi di Newton ad oggi, grazie soprattutto all'opera critica svolta da Gottfried Wilhelm von Leibniz, contemporaneo di Newton e suo grande avversario. In un primo momento le opere di Leibniz apparentemente confuse e poco chiare, non suscitarono entusiasmo, alimentando così un forte dogmatismo nei confronti della teoria newtoniana. Certo che a noi, oggi, sembra strano che degli scienziati potessero conciliare due cose così autentiche come il dogmatismo e la scienza, ma per ironia della sorte, avvenne proprio questo. Il ruolo che svolse Leibniz e la sua scuola nel far crollare il mito di una scienza ormai completamente risolta da Newton, fu pressoché misconosciuto fin quasi dopo Einstein. Anzi, lo stesso Einstein, da principio, non apprezzò molto le sue opere, e solo in tarda età, dopo aver studiato la storia della scienza, si accorse di quanto doveva a Leibniz.

Leibniz, infatti, rappresenta una valida alternativa sia al pensiero cartesiano sia a quello newtoniano di cui criticava soprattutto il principio delle forze che agiscono a distanza. Per questo motivo la storia della fisica, dal tardo Rinascimento ad Einstein sembra più che altro un torneo nel quale si disputavano la vittoria i seguaci di Cartesio, quelli di Newton e i pochi fautori di Leibniz. L'opposizione leibniziana a Newton trova la sua matrice culturale in Cartesio ed a lui bisogna rifarsi per capirla a fondo. Cartesio credeva che due corpi al momento dell'impatto si spingono l'un l'altro in direzioni opposte perché non si possono penetrare.

Ernest Mach, 1838-1916.

Sì, mi ricordo di questo principio.

Leibniz non riusciva a spiegarsi perché mai due corpi non possono passare l'uno dentro l'altro. Possiamo benissimo supporre ad esempio che due palle da biliardo si trapassino al momento dell'impatto, come due ombre o come dei fantasmi che attraversino un muro. Ma, mi stai seguendo?

No, perché non credo affatto ad un simile evento: due palle da biliardo non si trapassano mai a vicenda.

Invece è perfettamente lecito supporre un simile evento, proprio come immaginiamo che i fantasmi passino attraverso le pareti. Anche se sappiamo che ciò non accade, possiamo benissimo immaginarlo: fai conto di vedere un fantasma che attraversa un muro, va bene?

Che idiozia: io non credo agli spiriti! – protestò vivacemente Aaron.

Ma puoi ben immaginarne uno, anche se non ci credi, non ti pare?

Va bene, ma a che serve immaginarsi gli spiriti?

Stai tranquillo, anche Leibniz non credeva agli spiriti, ma se ne servì solo come argomento paradossale per dimostrare che Cartesio aveva torto. Seguendo le sue ipotesi, infatti dovrebbe risultare in maniera chiara e distinta la non esistenza dei fantasmi, e quindi non dovremo nemmeno essere in grado di immaginarli. Dal momento che, invece, ce li raffiguriamo benissimo, dobbiamo dimostrare il perché non possono esistere. Mi capisci?

Sì, certo.

Leibniz spiegò dunque che gli oggetti non possono mai essere delle ombre, non solo perché occupano dello spazio, ma anche perché contengono delle forze che li respingono a vicenda. Queste forze di repulsione non sono simili a quelle newtoniane perché non agiscono a distanza. Queste forze hanno, invece, il compito di preservare l'integrità del corpo al momento dell'impatto. In altri termini sono queste forze a dare al corpo l'aspetto che ha, delimitandone i confini; ad esempio è la forza della tua pelle che

Gottfried Wilhelm von Leibniz, 1646-1716.

si oppone alla lama di un coltello e al contrario è la forza del coltello che impedisce alla tua pelle di conficcarsi nella sua lama.

Cartesio era fautore di un'altra importante idea di origine democritea e platonica: lo spazio è un substrato nel quale i corpi si muovono di modo circolare. Ti ricordi di questa teoria del substrato?

Sì.

Il substrato è l'essenza ultima di una cosa. Democrito sosteneva che c'erano solo due substrati: l'atomo e il vuoto; Platone diceva invece che esiste solo lo spazio vuoto che è la *forma* che rende le cose quali sono. Per esempio: è la *forma* di una palla che ne fa realmente una palla. Per Democrito e Platone dunque, la fisica si deve occupare dello spazio e delle forme. Platone tentò anzi di operare una riduzione della fisica alla geometria, e su questo punto fu seguito da Cartesio che pensava di utilizzare le dimostrazioni per ottenere una teoria fisica chiara e distinta. Leibniz a questo proposito era di tutt'altro avviso: le forme da sole non significano nulla se non sono accompagnate dalle *forze*. Una teoria di questo tipo, che necessita di due ipotesi distinte per spiegare lo spazio e la materia, non può certo dirsi una teoria molto "elegante", e se ciò non bastasse, Leibniz ebbe un'idea ancora più bizzarra: se non è possibile spiegare la materia con una teoria dello spazio, possiamo tentare di fare viceversa e spiegare lo spazio con la materia. In altri termini lo spazio è tale solo in quanto la materia esiste: conoscendo i rapporti tra gli oggetti, se sono vicini o se sono lontani, si conosce lo spazio. Non ti sembra un'idea un po' bizzarra?

Sì certo. Che ne pensava Leibniz dello spazio al di là dell'atmosfera?

Per lui, ed in questo era d'accordo con Cartesio, non esisteva affatto. Ti ricordi qual era l'opinione di Cartesio in proposito?

Sì, lo spazio al di là dell'atmosfera è composto di particelle di etere che si muovono di continuo formando dei vortici.

Per Leibniz non era necessario mettere in campo i vortici, perché le particelle d'etere al pari di tutte le altre erano composte di...

Forze! Ma di' un po', anche oggi gli scienziati pensano che tutto è composto dalle forze?

Difficile a dirsi, certo che oggi al contrario di Einstein, si tende a non credere più tanto a questa teoria leibniziana, comunque è sempre un'ipotesi da ritenere valida. Ti ricordi che per Talete ogni cosa era composta d'acqua?

Sì.

Dopo di lui i pensatori greci sostennero a turno che la materia è composta dai più svariati elementi, fino a giungere a Pitagora, che la identificò con i...

Numeri.

Mentre per Platone ogni cosa era data dalla sua...

Forma. E lo stesso disse Cartesio.

Per Leibniz la materia è composta dalle...

Forze.

Giusto. Ma aspetta che adesso arriva il bello. Sai che il tuo corpo è fatto di muscoli e che i muscoli possono esercitare una certa forza?

Sì, certo.

Bene, secondo Leibniz le cose non stanno proprio così: il muscolo è la forza.

Non capisco.

Hai ragione, si tratta di un'idea tutt'altro che facile. Leibniz riteneva molto più corretto affermare che esiste solo la forza invece di supporre l'esistenza del muscolo più la sua forza, perché la forza in effetti non è altro se non quello che comunemente si chiama muscolo. L'universo per Leibniz era dunque solo un continuo interagire di forze. Stando così le cose, può sembrare naturale che Leibniz accettasse senza riserva la teoria newtoniana sulle forze, ma non fu così.

Perché?

Per due motivi ben precisi: uno, perché le forze leibniziane agivano per contatto, contrariamente alla forza di gravità di Newton, e due, perché lo spazio per Leibniz, è pieno di forze e non vuoto come per Newton.

Come già sai, la teoria newtoniana ebbe un enorme successo e per molte generazioni le sue ipotesi nel susseguirsi degli eventi si rilevarono vere, mentre Leibniz non possedeva una teoria capace di dare una descrizione anticipata dei fenomeni. Leibniz, inoltre, aveva quel che si dice un caratteraccio. Va bene che non amava le teorie di Newton, ma non per questo era il caso di scrivere una lettera piena di insulti nei suoi confronti ad una principessa inglese, non ti pare? Ancora oggi è difficile assolvere Leibniz da questo suo peccato, perché nella scienza deve esistere la più ampia libertà di parola.

Leibniz avrebbe fatto meglio ad esprimere le sue perplessità direttamente a Newton o a un suo allievo e non ad una principessa, comunque nemmeno Newton fu molto dolce nei suoi confronti. Newton non aveva un carattere molto tollerante e se qualcuno si metteva a discutere con lui, saltava su tutte le furie. Le critiche lo mandavano in bestia senza mezzi termini, e soprattutto non sopportava quelle che provenivano dal mondo scientifico. Puoi ben immaginare, quindi, quale fu la reazione di Newton appena seppe della lettera di Leibniz alla principessa, ma per nostra fortuna mantenne quel tanto di lucidità che gli consentì di delegare la risposta ad un suo amico, il dottor Samuel Clarke. Comunque, resta sempre il sospetto che fosse Newton stesso a dire a Clarke cosa doveva scrivere nelle sue lettere di ri-

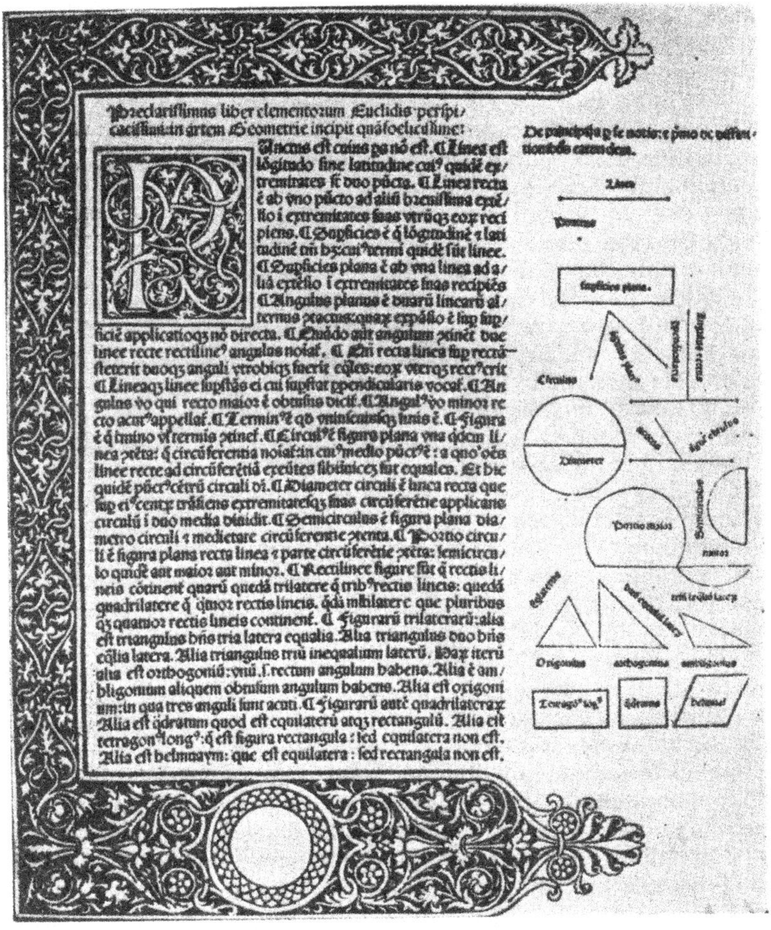
Preclarissimus liber elementorum Euclidis perspi-
cacissimi: in artem Geometrie incipit quam foelicissime:

Punctus est cuius pars nõ est. Linea est lõgitudo sine latitudine cui' quidẽ ex-
tremitates sũt duo pũcta. Linea recta ẽ ab vno pũcto ad aliũ breuissima exten-
sio i extremitates suas vtrũq3 eorũ reci-
piens. Superficies ẽ q̃ lõgitudinẽ & lati-
tudinẽ tm̃ h3: cui' termi quidẽ sũt linee.
Superficies plana ẽ ab vna linea ad a-
liã extẽsio i extremitates suas recipiẽs
Angulus planus ẽ duarũ linearũ al-
ternus contactus: quarũ expãsio ẽ sup sup-
ficiẽ applicatioq3 nõ directa. Quãdo aũt angulum cõtinẽt due
linee recte rectiline' angulus noiaẽ. Qñ recta linea sup rectã
steterit duoq3 anguli vtrobiq3 fuerit eq̃les: eorũ vterq3 rect' erit
Lineaq3 linee supstãs ei cui supstat ppendicularis vocaẽ. An-
gulus vo qui recto maior ẽ obtusus dicit. Angul' vo minor re-
cto acut' appellaẽ. Termin' ẽ qd vniuscuiusq3 finis ẽ. Figura
ẽ q̃ tmino vl terminis cõtineẽ. Circul' ẽ figura plana vna q̃dem li-
nea cõtẽta: q̃ circũferentia noiaẽ: in cui' medio pũct' ẽ: a quo oẽs
linee recte ad circũferẽtiã exeũtes sibiĩuicẽ sũt equales. Et hic
quidẽ pũct' cẽtrũ circuli dĩ. Diameter circuli ẽ linea recta que
sup ei' centrũ trãsiens extremitatesq3 suas circũferẽtie applicans
circulũ i duo media diuidit. Semicirculus ẽ figura plana dia-
metro circuli & medietate circũferentie cõtenta. Portio circu-
li ẽ figura plana recta linea & parte circũferẽtie cõtẽta: semicircu-
lo quidẽ aut maior aut minor. Rectilinee figure sũt q̃ rectis li-
neis cõtinent quarũ quedã trilatere q̃ trib' rectis lineis: quedã
quadrilatere q̃ q̃tuor rectis lineis. q̃dã mltilatere que pluribus
q3 quatuor rectis lineis continent. Figurarũ trilaterarũ: alia
est triangulus hñs tria latera equalia. Alia triangulus duo hñs
eq̃lia latera. Alia triangulus triũ inequalium laterũ. Harũ iterũ
alia est orthogoniũ: vnũ .s. rectum angulum habens. Alia ẽ am-
bligonium aliquem obtusum angulum habens. Alia est oxigoni
um: in qua tres anguli sunt acuti. Figurarũ autẽ quadrilaterarũ
Alia est q̃dratum quod est equilaterũ atq3 rectangulũ. Alia est
tetragon' long': q̃ est figura rectangula: sed equilatera non est.
Alia est helmuaym: que est equilatera: sed rectangula non est.

De principijs p se notis: e pmo de diffinitionibus earundem.

La prima pagina della prima edizione latina degli Elementi *di Euclide, fatta nel 1482.*

Emanuele Kant, 1724-1804.

sposta a Leibniz. Ho detto lettere, al plurale, perché Leibniz amava molto la discussione e continuò questa disputa finché visse. Nacque così una delle più grandi corrispondenze scientifiche di tutti i tempi: il carteggio Leibniz-Clarke. Subito dopo la morte di Leibniz, Clarke pubblicò questo carteggio pensando che questa fosse la prova migliore a favore di Newton. Fortunatamente non tutti furono d'accordo.

Tuttavia Leibniz non riuscì a prendersi una immediata rivincita su Newton che continuò ad avere più successo di lui. Per sostenere le sue tesi Leibniz fu costretto ad elaborare una teoria dello spazio che reggesse il confronto con quella del suo avversario, oggi nota come "geometria euclidea" in quanto è dovuta ad Euclide, un discepolo di Platone vissuto nel trecento circa a.C.

Per molti anni la teoria geometrica di Leibniz fu più o meno dimenticata, e si possono contare sulle dita di una mano le occasioni in cui degli scienziati si ribellarono pubblicamente all'autorità indiscussa della geometria euclidea, che regnò incontrastata ancora per qualche secolo. Comunque le idee leibniziane rappresentavano pur sempre un neo nel dominio della geometria euclidea ed i filosofi e gli scienziati non potettero più a lungo fare a meno di constatarlo, cercando così di sviluppare nuove idee sulla geometria. Uno di questi fu il grande filosofo del diciottesimo secolo Emanuele Kant, che tentò con ogni mezzo di produrre una geometria non euclidea, fallendo tuttavia il suo tentativo.

In seguito a questo insuccesso, Kant concluse che non è possibile avere una geometria non euclidea, semplicemente perché la mente umana è stata creata da Dio secondo i canoni euclidei. Kant, malgrado questa presa di posizione a favore di Euclide aveva tuttavia ugualmente assorbito delle idee leibniziane, in particolare era d'accordo con lui sul fatto che le particelle non sono corpuscoli durissimi che si muovono nello spazio come aveva asserito Newton, ma sono realmente la sede della forza. Per spiegare il fenomeno dell'elasticità Kant adottò quindi la teoria leibniziana, che su tale argomento vanta una maggiore chiarezza rispetto a quella di Newton. Infatti, se gli atomi fossero davvero delle particelle durissime come aveva detto Newton, cosa accadrebbe durante l'impatto?

Si scinderebbero causando degli effetti atomici.

No, per Newton gli atomi sono inscindibili, non possono frantumarsi, e questo è un altro dei suoi errori. Ma lasciando da parte gli errori, cosa accade per Newton quando due atomi si scontrano?

Rimbalzano.

Rimbalzano perché non possono entrare l'uno dentro l'altro, esatto?

Esatto.

Il fatto che rimbalzano è espressione di un repentino cambiamento di direzione al momento dell'impatto. Perché un simile cambiamento di direzione istantaneo sia possibile, occorre disporre in quell'attimo un'accelerazione infinita, ma l'accelerazione è direttamente proporzionale alla forza quindi, a conti fatti, occorrerebbe una forza infinita, il che è palesemente assurdo. Kant arrivò così alla conclusione che gli atomi non possono essere rigidi ma elastici: sono porzioni di spazio piene di forze di repulsione.

Nello stesso periodo di Kant visse un gesuita di nome Roger Joseph Boscovitch che formulò delle ipotesi molto intelligenti sugli atomi. Per prima cosa scartò l'ipotesi della loro infinita rigidezza perché se così fosse, non potrebbero avere un rimbalzo istantaneo al momento dell'impatto. Fatto questo, Boscovitch, formulò l'ipotesi che gli atomi quando sono distanti si attraggono per la forza di gravità, mentre a distanze ravvicinate si respingono: più sono vicini, più si respingono a vicenda. Ne concluse che gli atomi non vengono mai a contatto, ma tra loro c'è sempre dello spazio. Questo fenomeno del non contatto avviene, secondo Boscovitch, proprio perché gli atomi hanno una loro corporeità anche se sono privi di dimensione: sono cioè dei piccolissimi punti che non si toccano mai a causa della reciproca repulsione. A questo fenomeno è dovuto il fatto che un insieme di atomi si presenta con una massa ben precisa, anche se ciascun atomo è di per sé infinitamente piccolo. Lo spazio di Boscovitch era dunque qualche cosa di reale dove gli atomi puntiformi avevano la loro sede al pari della forza di gravità, del suo inverso o forza di repulsione e di altre forze che agivano a metà strada tra le due. Come vedi la teoria di Boscovitch al pari di quella di Kant, è una specie di compromesso tra Leibniz e Newton. E fu così che Leibniz si conquistò a poco a poco il suo pubblico.

16. Martedì

Gli atomi elettrici non esistono

Già ti ho accennato in cosa consiste una delle principali difficoltà della teoria newtoniana: perché degli atomi perfettamente rigidi possano rimbalzare quando si scontrano occorre una forza infinita. Fu subito chiaro, sia a Kant che a Boscovitch che bisognava rinunciare a questa ipotesi per salvare il resto della teoria newtoniana, tanto più che tale idea era solo una sovrastruttura cartesiana (difatti, Newton si era limitato a riprodurre pari pari la descrizione degli atomi fatta da Cartesio). Leibniz pensava che il substrato della materia fosse la forza; la forza ha quindi una sua esistenza reale e non può essere distrutta. In realtà, lui chiamava "forza" quello che noi oggi definiamo "quantità di moto" o "energia". Come sappiamo, Cartesio fu il primo a dire che la quantità totale di moto resta costante: una palla da biliardo quando sbatte contro un ostacolo, cambia la direzione del suo moto ma non si ferma, se invece si ferma significa che ha trasmesso il suo moto a qualche altro oggetto. Insomma, la quantità di moto è la stessa da quando Dio creò il mondo. Newton, invece, non era affatto d'accordo su questo punto: quando due palle di biliardo cozzano frontalmente può ben accadere che si fermino entrambe. Gli allievi di Cartesio risposero a questa obiezione affermando che il caso preso in esame è solo apparentemente in contraddizione con i loro principi. Infatti se una cosa si ferma significa che un'altra entra in movimento, proprio come le due biglie che si fermano mentre i loro atomi interni si muovono con rinnovato vigore.

Newton non si persuase affatto di tale spiegazione anche perché, nella sua teoria non aveva alcuna intenzione di far viaggiare

Pierre Simon de Laplace, 1749-1827.

i corpi celesti tutti alla stessa velocità e con la stessa energia. Credeva anzi che la quantità di moto e l'energia del sistema solare fossero soggetti ad un lento ma inesorabile deperimento.

Per questo il buon Dio è costretto ogni tanto ad aggiungere un po' di energia all'intero sistema!

Un po' come noi, che ogni tanto rimettiamo la benzina nell'automobile.

Proprio così. A Leibniz, comunque, quest'idea non piacque affatto: per lui il sistema solare si può paragonare ad un perfetto orologio creato da Dio. Ma che razza di orologiaio sarebbe mai dunque Iddio, se dovesse ogni tanto rimettere le mani sul suo operato? Newton e la sua scuola erano non poco scocciati da questo inconveniente, ma non passò un secolo che due grandi matematici francesi, Joseph Louis Lagrange e Pierre Simon de Laplace si accorsero che il tutto era dovuto ad un errore di calcolo.

Sia Lagrange che Laplace dimostrarono che nella teoria newtoniana la quantità di moto e l'energia restavano costanti, così uno dei capisaldi della teoria leibziniana diveniva parte integrale del sistema newtoniano. Vedi bene come la scienza sia a volte molto strana: spesso gli scienziati non sono in grado di capire le sfumature insite alla loro stessa teoria. Newton non si sarebbe mai sognato neppure lontanamente che un principio base della sua teoria non è altro che un'idea leibniziana, né tanto meno se lo sarebbe immaginato Leibniz. Se il sistema newtoniano non avesse presentato altri punti deboli, una volta ottenuta la conferma della sua perfezione tutti avrebbero presto dimenticato Leibniz, e la storia della loro controversia sarebbe finita qui, invece la faccenda si svolse ben altrimenti.

Quali sono questi altri punti deboli del sistema newtoniano?

Si tratta del rapporto tra le varie forze. Sai bene che esistono forze molto interessanti che non sono la gravità, me ne dici qualcuna?

Certo: esiste la forza magnetica, e quella elettrica altresì detta elettricità.

Oltre a queste due, se ne potrebbero citare molte altre, ma per adesso lasciamo stare e torniamo invece un attimo ad occuparci di Cartesio. Come già sai, Cartesio diceva che ogni azione è una spinta anche quando ha tutta l'aria di essere una trazione: se alziamo un boccale per il manico lo stiamo in realtà spingendo in alto. Newton non era d'accordo: così facendo non si spinge il solo manico ma l'intero boccale. Sai dirmi che accade se il boccale è molto pesante?

Sì certo: il manico si stacca.

Già, così per alzare un boccale si fa forza sul manico, questo a sua volta sul resto del bicchiere finché il manico non si stacca. La forza che tiene insieme il manico al boccale è come una colla e per questo Newton la chiamò forza di "coesione". (In effetti quando il manico si stacca lo si rincolla!). Ma passiamo ad un altro tipo di forza, quella di adesione ad esempio.

Cos'è una forza di adesione?

Se metti una mano nell'acqua, quando la tiri fuori è bagnata, se la metti nel mercurio sai cosa accade?

Non ne ho la più pallida idea.

La mano esce asciutta.

Perché?

Perché non esiste nessuna forza che trattenga gli atomi di mercurio a quelli della tua mano, cosa che invece accade per l'acqua. Ma questa forza non si esercita solo sulla mano ma anche tra l'acqua ed un bicchiere ad esempio. Infatti se si guarda con molta attenzione la superficie dell'acqua in un bicchiere, si può notare che questa s'incurva verso i bordi: l'acqua è spinta in alto

Un fabbro batte un ferro incandescente per farne un magnete rivolgendolo verso il nord (settentrione) e verso il sud (meridione).
Dal *De Magnete* (*Sul Magnetismo*) di Gilbert, pubblicato nel 1600.

dal vetro. In un tubo di vetro sottilissimo cioè in un "tubo capillare", l'acqua addirittura sale in alto e più è stretto il tubo e più l'acqua sale. Questa forza si chiama "forza di capillarità". (*Capilla* in latino significa appunto capelli). Questa forza è di vitale importanza per le piante che necessitano d'acqua in ogni loro parte: per capillarità il liquido sale dalle radici fin sulla gemma apicale. Un'altra forza di cui parlò Newton è l'elettricità: è questa la forza che fa muovere gli animali.

Ma questo non è affatto vero!

Certo, per quanto ne sappiamo è così, ma è ugualmente straordinario che Newton, con quel poco che si sapeva sull'elettricità riuscisse a formulare una simile ipotesi.

Gli scienziati contemporanei di Newton sapevano soltanto una cosa riguardo all'elettricità: alcuni materiali speciali, come

William Gilbert, 1544-1603.

l'ambra, quando vengono strofinati attraggono pagliuzze o piccoli oggetti. (A proposito, la parola greca per dire ambra è *eletron*: ecco da dove vengono le nostre espressioni "elettrone" ed "elettricità"). Qualche volta, quando uno si pettina i capelli, succede che questi restano dritti e sfrigolano: insomma, sembrano elettrici. Benché questo fenomeno, dovuto all'elettricità d'attrito fosse noto ancor prima di Talete, fino al diciottesimo secolo le notizie sull'elettricità rimasero pressoché le stesse. Si sapeva benissimo come ottenere l'elettricità, ad esempio strofinando della pelle su un pezzo di vetro, ma a nessuno era venuto in mente di utilizzarla in qualche modo.

All'inizio del diciassettesimo secolo, proprio nel 1600 per essere precisi, uno scienziato inglese, William Gilbert, pubblicò un importante volume sul magnetismo, dove puntualizzò alcuni fatti: solo il ferro diviene un magnete e solo l'ambra diviene elettrica, ne concluse che esistono materiali elettrici e materiali magnetici.

Dopo Gilbert, la situazione rimase invariata per oltre un secolo, finché il grande Stephen Gray scoprì che anche i metalli possono essere elettrizzati, senonché la loro elettricità gode della proprietà di scomparire se non si ha l'accortezza di manovrarli con dei guanti. Fu così che Gray scoprì che i metalli sono dei buoni conduttori dell'elettricità. Dopo la pubblicazione delle opere di Gray, gli studi sull'elettricità avanzarono rapidamente.

Subito dopo la scoperta dei conduttori, fu costruito uno strumento, detto elettroscopio, composto da due asticelle di metallo sormontate da due foglie d'oro: la distanza di divaricazione delle due foglioline era direttamente proporzionale alla quantità di elettricità condotta dalle asticelle metalliche. Charles-François du Fay (capo giardiniere del re di Francia) usando uno di questi elettroscopi fece la più grande scoperta del secolo: esistono due tipi di elettricità, una positiva ed una negativa. L'elettricità di tipo uguale si respinge mentre quella di tipo diverso si attrae. Secondo questa legge aggiungendo dell'elettricità a un elettroscopio già carico, a seconda se questa è uguale o discorde a quella delle asticelle, si ha per risultato che le foglioline si divaricano o si uniscono.

La situazione è molto simile a quella del magnetismo: ti ricordi del polo nord e del polo sud? Due poli di uguale segno si respingono mentre due di segno discorde si attraggono. Ma al di là di questa somiglianza superficiale tra l'elettricità e il magnetismo esistono delle differenze ben precise: i metalli possono essere carichi di un solo tipo di elettricità, mentre i magneti hanno sempre i due poli. A proposito, sai cosa accade se si spezza un magnete?

Si ottengono due magneti.

Come fai a saperlo?

Mi è sembrato naturale.

Bravo: è esatto. Spezzando un magnete se ne ottengono due e non importa quanto sia piccolo il nuovo magnete perché questo avrà sempre un polo nord e un polo sud. In effetti è come se un magnete fosse composto da tanti piccoli magneti uniti insieme.

Quindi, dividendo un magnete in porzioni sempre più piccole si otterrà un atomo magnetico.

Non proprio: un pezzo di magnete, per quanto piccolo sia, contiene sempre il polo nord e il polo sud, mai un polo solo. In un primo momento si pensò che l'atomo del magnete fosse formato da *due* atomi uniti insieme. Oggi atomi siffatti vengono detti "molecole", ad esempio un atomo di ossigeno e due d'idrogeno formano una molecola d'acqua. Nel diciassettesimo secolo, dunque, si pensò che la parte più piccola possibile di un magnete fosse una molecola composta da due atomi: il nord ed il sud. Visto che il materiale elettrico si comportava allo stesso modo dei magneti, cioè cariche di uguale segno si respingono mentre quelle di segno discorde si attraggono, si pensò che l'atomo elettrico fosse anch'esso una molecola.

Un ingegnere francese del diciottesimo secolo, Charles Augustin de Coulomb formulò una teoria che gli valse l'appellativo di "Newton" dell'elettricità e del magnetismo. Coulomb misurò, infatti, la *forza* elettrica e la *forza* magnetica e dimostrò che ambedue sono uguali alla forza di gravità, variano cioè secondo l'inverso del quadrato delle loro distanze. Tuttavia, malgrado questo

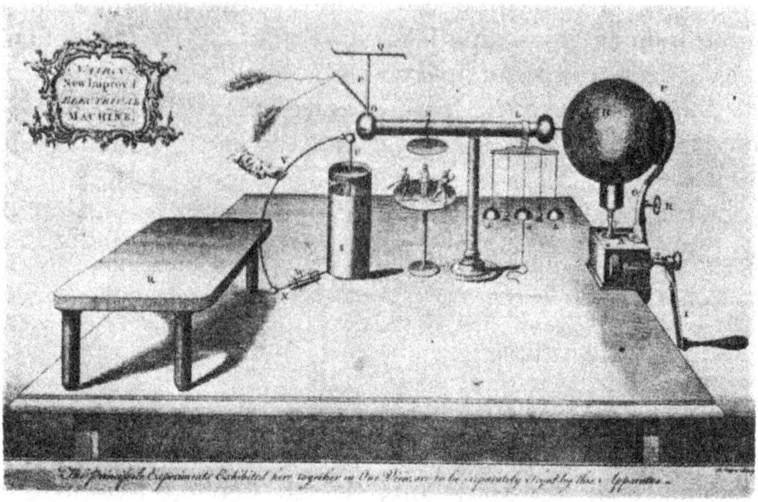

Apparato usato nel diciottesimo secolo per fare delle lezioni sull'elettricità.

brillante risultato, la teoria di Coulomb presentava dei notevoli interrogativi, ai quali l'autore non seppe dare risposta. In primo luogo non riuscì a spiegare perché non si riesce a separare in un atomo magnetico il polo nord da quello sud, mentre invece è possibile scindere all'interno di un atomo elettrico la carica negativa da quella positiva. Secondo Newton la materia è sottoposta a vari tipi di forza, ma la sua scuola pensò che il materiale elettrico e quello magnetico fossero due tipi di materia speciale. Perché Coulomb e la scuola newtoniana arrivarono a questa conclusione? Perché pensarono che la forza elettrica si esercita solo su materiali speciali? Seguiamo insieme il loro ragionamento perché è molto importante. Qual è la forza che esercitano gli atomi della materia comune?

La forza di gravità.

Esatto. Se gli atomi della materia comune avessero a che fare anche con l'elettricità si troverebbero a dover conciliare due tipi differenti di forze. Comunque, ammesso pure che così fosse, ne risulterebbe che la forza elettrica sarebbe ovunque distribuita, ma questa ipotesi è contraddetta dal fatto che solo alcuni materiali posseggono questo tipo di forza. Cosa hanno di speciale questi materiali? Da dove proviene la forza elettrica? Secondo Newton le forze hanno origine negli atomi, quindi la forza elettrica avrà sede in alcuni atomi speciali detti...

Atomi elettrici!

Proprio così: atomi elettrici. Eppure, malgrado tutto, qualche cosa non funzionava lo stesso: il ferro è fatto di atomi di ferro, eppure ogni sua parte può essere magnetizzata, il che significa che contiene atomi magnetici; com'è possibile che nello stesso pezzo di ferro coabitino due atomi così differenti? Lo stesso dicasi per l'elettricità. Com'è che certe parti di materia comune sono sempre legate alla materia elettrica o magnetica? Ammesso pure

Dimostrazione del funzionamento di una macchina elettrica presso la Society Felix Meritis, una società scientifica privata che sorse ad Amsterdam nel diciottesimo secolo.

Luigi Galvani, 1737-1798.

di riuscire, in un modo o nell'altro, a rispondere a questi interrogativi resta sempre una questione di base alla quale la teoria di Newton non è in grado di fornire alcuna spiegazione.

Se il materiale elettrico si trova dentro il materiale comune, quando è attratto da un altro materiale elettrico dovrebbe staccarsi dalla materia comune che lo ospita. E questo in effetti accade qualche volta quando la carica elettrica passa da un posto all'altro.

Questo fenomeno accade quando si vedono delle scintille, non è vero?

Un'illustrazione dell'opera maggiore di Galvani, nella quale si descrive il suo esperimento sull'"elettricità animale".

Sì certo, ma la questione è questa: com'è che la materia elettrica resta normalmente attaccata al materiale ordinario che la ospita invece di correre verso la sorgente dell'attrazione?

Non ci ho mai pensato.

Non preoccuparti, gli uomini che si erano posti questa domanda erano dei grandi scienziati. Tra loro c'era il danese Hans Christian Oersted. Oersted terminò i suoi studi prima del 1800 e per venti anni lavorò intorno allo stesso problema senza mai darsi per vinto, né tanto meno accettando spiegazioni di comodo del tipo che una qualche forza sconosciuta trattiene insieme gli atomi della materia comune con quelli elettrici. Una spiegazione del genere era semplicemente assurda, perché ammesso pure che un atomo normale sia legato a quello elettrico, aggiungendo un altro atomo di materia comune questo sarebbe attratto sia dalla forza di gravità sia dalla forza elettrica. Insomma tutti gli atomi

Alessandro Volta, 1745-1827, circondato dai suoi trionfi scientifici.

normali sono attratti tra loro, ma per realizzare questo impulso devono passare attraverso gli atomi elettrici, e questo è molto strano.

Visto come stavano le cose, Oersted pensò che l'errore andava ricercato a monte, cioè nella teoria. Per lui, infatti, non aveva molto senso introdurre un tipo di materia differente per ogni forza e poi scoprire che ciascun tipo di materia ha a che fare con *molte* forze differenti. Se le cose non esercitano un'azione reciproca

La scoperta di Volta impressionò a tal punto il mondo scientifico che nel 1800 egli fu invitato a tenere una conferenza presso l'Istituto Nazionale di Francia alla presenza di Napoleone Bonaparte.

allora sono dei mondi separati, se al contrario l'esercitano, allora c'è una "confusione" di forze.

Se questo non bastasse, per rendere il quadro ancora più complicato furono scoperte addirittura varie forme di elettricità! Tutto ebbe inizio quando Newton asserì che gli animali possono muoversi per mezzo della forza elettrica. In seguito si scoprì che toccando con la lingua due pezzi di metallo caricati uno di elettricità positiva e uno di elettricità negativa, si sente una strana sensazione ai nervi della lingua. Da questo esperimento prese la mossa l'ipotesi di una "elettricità animale", che fu effettivamente scoperta nel 1786 dall'italiano Luigi Galvani. Egli toccò le zampe posteriori di una rana morta con due differenti tipi di metallo preventivamente elettrizzati, ad esempio zinco e rame o rame ed argento. Sai cosa accadde?

No.

Sebbene la rana fosse morta, saltò!

Che fece? Saltò!?

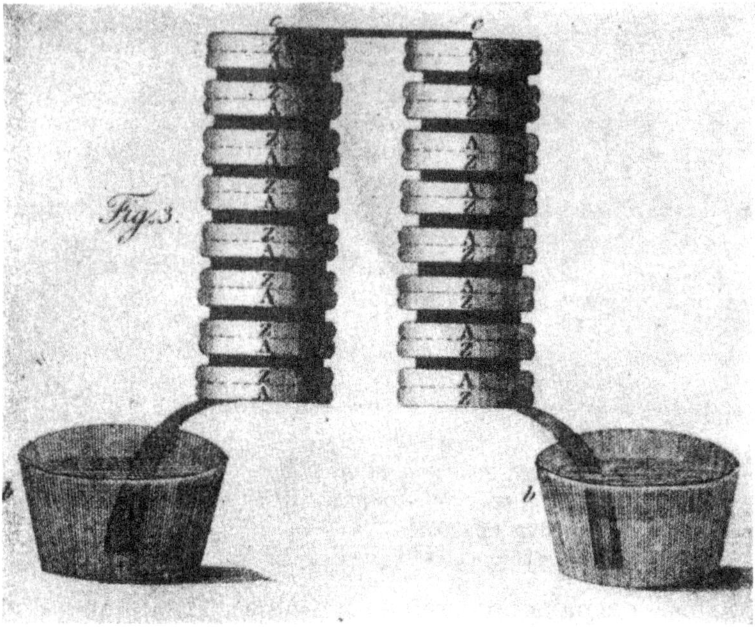

Volta prepara una "pila" di dischetti di zinco ed argento, separati tra loro da un foglio di carta imbevuto di soluzione salina. Questa batteria genera un flusso continuo di elettricità.

Sì, proprio così. Questo fatto fu interpretato come una prova che l'elettricità è la stessa cosa della *vita*: si possono far muovere le zampe di una rana morta come se fosse viva toccandole con dei metalli elettrizzati. Questo esperimento non entusiasmò affatto Alessandro Volta, un altro scienziato italiano dell'epoca, che anzi lo giudicò un po' ingenuo. Era sua opinione che l'esperimento non avesse niente a che fare con la rana, ma soltanto con i due metalli. Per provare questa sua ipotesi, Volta prese due differenti tipi di metallo, mise tra loro una soluzione acquosa leggermente acida e produsse l'elettricità. Questo strumento è oggi noto con il nome di pila di Volta. Per esempio, le pile che si adoperano per le torce elettriche non sono altro che un tipo speciale di pila di

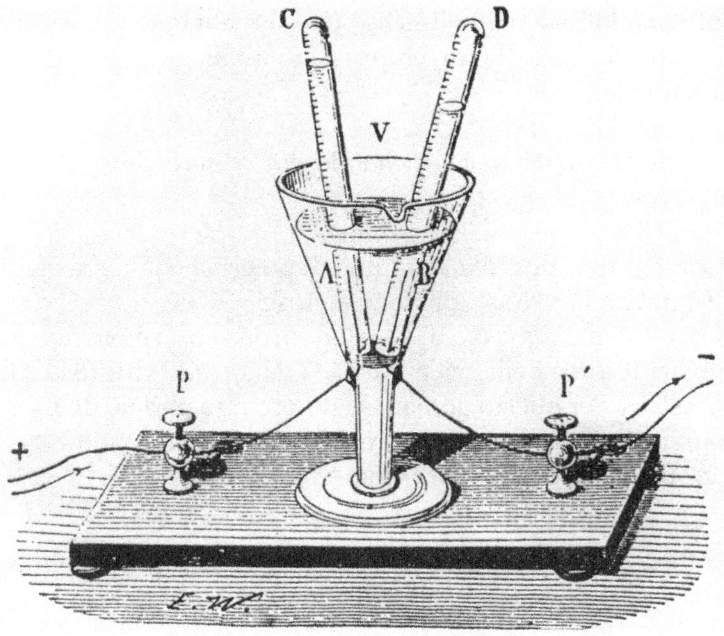

La decomposizione dell'acqua, così come fu dimostrata da Nicholson e Carlisle.

Volta. A mano a mano che si facevano nuovi esperimenti con la pila di Volta si scoprì un fenomeno abbastanza strano.

In molti cominciarono a chiedersi qual era la specifica funzione dell'acido tra i due pezzi di metallo. Volta pensò che la soluzione salina è il mezzo che permette il contatto tra i due metalli, ma nel 1800 due scienziati inglesi, William Nicholson e Anthony Carlisle, dimostrarono che il composto acidulo si decomponeva in...

Atomi d'idrogeno e di ossigeno?

Proprio così. Nicholson e Carlisle usarono l'elettricità per scindere i legami chimici dimostrando che le forze chimiche (quelle forze che tengono uniti gli atomi di un elemento in una molecola d'acqua) e le forze elettriche sono in realtà la stessa cosa, nel momento che le reazioni chimiche sono ugualmente provocate da tutte e due le forze. Il fatto che esiste una sola forza dimostra che non esistono...

Gli atomi elettrici come atomi differenti da quelli specifici dell'elemento preso in considerazione.

Oersted fu il primo a formulare l'ipotesi che la forza elettrica esiste, ma non esistono gli atomi elettrici.

I risultati della ricerca di Oersted furono così rivoluzionari da cambiare il corso della scienza e da spianare addirittura la strada ad Einstein. Per questo domani seguiteremo a parlare di lui, della rivoluzione di cui fu promotore, e soprattutto del collegamento tra la sua teoria e quella di Leibniz.

Newton aveva ragione o torto?

Nei giorni scorsi abbiamo visto come, benché la teoria di Newton fosse una gran buona teoria, alcuni scienziati se ne allontanarono, preparando così la strada alla rivoluzione einsteiniana e alla fisica del ventesimo secolo. Quegli scienziati comunque non si resero affatto conto di porre le basi per una rivoluzione. D'altronde il bello della scienza è proprio questo: non si sa mai in anticipo che cosa accadrà domani, tutto quello che uno scienziato può fare è rispondere alle domande che pone il presente. Nel diciannovesimo secolo gli scienziati si trovarono di fronte a dei grossi problemi, alcuni trovano una risposta esauriente nella teoria di Einstein mentre altri sono a tutt'oggi insoluti. È per questo motivo che la scienza è in continua trasformazione.

Cosa avvenne durante questa grande rivoluzione scientifica?

Con la rivoluzione einsteiniana gli scienziati capirono finalmente che Newton si era sbagliato: le forze non agiscono a distanza, la massa si può descrivere in termini di energia, e molte altre cose ancora.

Come fecero a capire che Newton si era sbagliato?

Per prima cosa tentarono di rispondere al problema da noi discusso ieri: come fa la materia ad essere sede di svariate forze? Non fecero in tempo a rispondere a questo interrogativo che subito sorsero altri dubbi connessi a questo: perché la forza elettrica agisce in certe circostanze e non in altre? Come si fa a chiudere un certo circuito magnetico e poi a riaprirlo? Per Newton non era certo possibile accendere o spegnere qualsiasi tipo di forza proprio come non si può con la gravità. Questo tipo di concezione passò pari pari a Boscovitch ed a Kant, con tutto che le loro teorie erano una via di mezzo tra quelle di Newton e Leibniz. Era loro opinione che la materia fosse sottoposta a due leggi fondamentali, quella di gravità per le grandi distanze, e quella d'elasticità per le piccole. Te ne ricordi?

Sì, certo.

Sia Boschovitch che Kant ritenevano inoltre che queste forze fossero sempre presenti. Quando due particelle sono vicine, l'azione reciproca segue il principio dell'elasticità: le particelle si respingono vicendevolmente. Quando invece si trovano a grande distanza, le particelle si comportano secondo la legge di gravitazione: si attraggono a vicenda. Oersted pensò che tutto questo si poteva esprimere in termini di creazione e distruzione di una forza. Per Oersted, dunque, le forze erano suscettibili di manipolazione: per esempio si può ottenere dell'elettricità per strofinio e poi interrompere il fenomeno a nostro piacimento; lo stesso si può ottenere nei confronti dei legami chimici. Ma, le forze non si creano dal nulla, si possono al massimo trasformare in qualche cosa d'altro, perché le forze sono oggetti reali. Ti ricordi chi fu il primo a sostenere un'ipotesi di questo tipo?

Sì, fu Leibniz.

Leibniz, infatti, sostenne che le forze non si possono creare ma solo trasformare. Sta di fatto, però, che se una cosa può essere trasformata in qualcosa d'altro non è più un substrato, una sostanza *reale*. Il substrato è qualche cosa di assoluto che resta sempre allo stadio "primitivo", quindi se le forze cambiano, non sono l'essenza ultima del mondo. Oersted invece pensava che il principio dell'universo fosse proprio una "forza primordiale" che si manifesta sotto varie forme: gravità, forza chimica, magnetismo e così via.

Una lezione di Oersted.

Come si fa a trasformare in qualche cosa d'altro la forza di gravità?

Conosciamo tutti un modo per trasformare la forza di gravità in elettricità. Cosa accade quando la forza di gravità agisce su di un corpo?

Il corpo cade.

La forza sviluppata nella caduta si può trasformare in un altro tipo di forza. Presso le cascate del Niagara esiste una dinamo

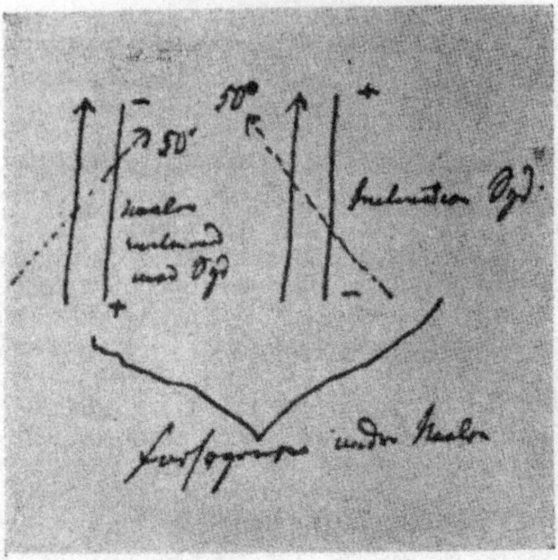

Le note di laboratorio di Oersted nelle quali si mostra l'azione dell'elettricità su di un magnete.

che trasforma l'energia gravitazionale dell'acqua in elettricità. Ma quando Oersted iniziò le sue ricerche questo ancora non era noto e nessuno sapeva trasformare l'energia elettrica in magnetismo o viceversa; comunque si conosceva il mezzo di ottenere dell'elettricità dai corpi in movimento, per esempio strofinandoli tra loro.

Tuttavia anche oggi non siamo in grado di tramutare *direttamente* la forza di gravità in elettricità o magnetismo: prima trasformiamo la gravità nella forza che si sprigiona durante la caduta di un corpo, e poi in elettricità. Comunque questo non impressionò Oersted, perché conosceva il modo di tramutare il moto e le forze chimiche in elettricità.

Con la pila?

Sì, infatti, la batteria trasforma l'elettricità in luce e calore. Oersted pensò che la pila fosse un buon esempio di trasformatore di forza, visto che nessuna forza si può far nascere dal nulla o far scomparire a nostro piacimento. Ma non tutte le forze si piegano facilmente ad essere trasformate in quello che più ci interessa, ad esempio Oersted non riusciva a trasformare l'elettricità in magnetismo e lavorò senza sosta per riuscirci dal 1800 al 1820. Finalmente, dopo venti anni di duro lavoro Oersted scoprì l'elettromagnetismo, il punto d'incontro cioè tra l'elettricità e il magnetismo. Oersted soleva dire: «Per lunghi anni ho osservato come le forze generali della natura si manifestino sotto forma di elettricità». "Manifestarsi" significa "mostrarsi" e quindi le forze generali della natura si mostrano come elettricità.

Perché proprio l'elettricità?

Beh, qualche volta si manifestano anche sotto forma di magnetismo.

In quali casi si ha l'elettricità e in quali il magnetismo?

Non lo so. E nemmeno Oersted lo sapeva, constatava soltanto che sotto alcune condizioni si ha l'elettricità e sotto altre il magnetismo, perciò è probabile, che agendo sulle condizioni...

Si riesce a trasformare l'elettricità in magnetismo.

Non solo. Oersted pensò che se ciò era possibile, allora «gli effetti dell'una si debbono poter trasformare in quelli dell'altro». Quindi per prima cosa trasformò l'elettricità in calore e luce.

Come avviene in una torcia elettrica?

Proprio così. Ma malgrado tutto Oersted non riuscì a trasformare l'elettricità in magnetismo. Passati alcuni anni, durante una lezione, mentre stava dimostrando alcuni esperimenti ai suoi studenti, capitò qualche cosa d'interessante. Si trattava di un esperimento molto semplice: prese una bussola e la mise in posizione tale che il suo ago puntasse in direzione nord-sud. Sull'ago collocò un filo metallico ed un generatore di corrente. Il magnete della bussola si mosse e l'ago non puntò più in direzione nord-sud ma deviando di 90° esatti puntò su l'est-ovest. Se al posto del filo metallico si applica un altro magnete, l'angolo di deviazione resta invariato. Quindi un filo che trasporti la corrente elettrica è una specie di magnete.

Capisco. Oersted scoprì che la corrente elettrica è un magnete.

Sì, questa fu la più grande scoperta di quegli anni.

Perché è così importante?

Prova ad immaginario.

Non saprei.

Ma sì che lo sai! Quale fu il motivo che indusse Oersted a trasformare l'elettricità in magnetismo?

Voleva dimostrare che una forma si può trasformare in un'altra.

Come mai, questo era così importante? Chi disse che una simile trasformazione è impossibile?

Coulomb.

Perché Coulomb affermò una cosa simile?

Perché seguiva i principi di Newton.

Giusto. Hai capito adesso per quale motivo è così importante la prova di Oersted?

Sì, per correggere la teoria di Newton.

Esattamente. Puoi ben capire l'importanza di tutto questo: Newton era stato considerato uno scienziato infallibile, ed Oersted dimostrò che aveva sbagliato. Gli studi di Oersted furono utili anche per correggere un altro aspetto della teoria newtoniana. Nell'esperimento di Oersted quale effetto provoca il filo elettrico sul magnete?

Lo fa deviare dal nord.

Come vedi, in questo caso non abbiamo specificato se si tratta di una spinta o di una trazione: se l'ago fosse attratto dal filo elettrico sarebbe una trazione, se ne fosse respinto si tratterebbe invece di una spinta. Nell'esperimento di Oersted invece l'ago ruota: abbiamo quindi un nuovo tipo di forza. Per la verità anche Newton conosceva il moto circolare; per esempio se poniamo una matita su di un tavolo la possiamo benissimo far girare in tondo spingendola opportunamente con il pollice e con l'indice. In altri termini, spingendo o tirando in direzioni opposte si ottiene un moto circolare. Newton sapeva bene tutte queste cose e spiegò in questi termini il moto circolare dei pianeti, i quali ruotano attorno al sole per la spinta che imprime loro la forza di gravità. Tuttavia, l'esperimento di Oersted, dove la corrente elettrica provoca la rotazione di un magnete, non si può spiegare con la teoria di Newton perché all'inizio dell'esperimento sia il filo elettrico sia il magnete si trovano allineati nella stessa direzione nord-sud. Non c'è nessuna spinta o trazione da parte del filo elettrico sul magnete perché questo ruoti da nord-sud ad est-ovest. Esiste quindi un nuovo tipo di forza non contemplata da Newton.

Ma chi può rimproverare a Newton un errore commesso centinaia di anni fa?

Nessuno lo biasima infatti. Solo che, nel diciannovesimo secolo, si credeva che un vero scienziato non deve commettere mai errori.

La scuola newtoniana tentò di dimostrare che invece era Oersted ad avere torto?

Certo, lo stesso Oersted non era poi così sicuro di avere ragione. Pensava che la corrente elettrica producesse una specie di vento che fa cambiare direzione al magnete. Ma come si può dimostrare un'affermazione del genere? E come si fa a dimostrare che non è il vento a far ruotare il magnete?

Chiunque può sentire il vento che soffia!

Supponi che il vento sia lievissimo, dopo tutto il magnete non è molto grande e basta un soffio per farlo ruotare: come si fa a dire con certezza che non si tratta del vento?

Rinchiudendo il magnete ed il filo elettrico sotto una campana di vetro.

In effetti è proprio quello che fece Oersted: mise il magnete sotto una campana di vetro e ripeté l'esperimento. Che accadde secondo te?

Si ripeté il fenomeno della rotazione, come di consueto.

Proprio così, ed Oersted ebbe la certezza che nessun movimento d'aria s'era prodotto. Ma quale altro tipo di vento può esistere?

Ci potrebbe essere un vento d'etere che si muove nel vetro e produce la rotazione del magnete. Ma naturalmente, penso che Oersted sapesse bene che le particelle d'etere non esistono.

Oersted difatti non era per niente d'accordo con l'ipotesi dell'etere. Ma la scuola newtoniana invece ne faceva abbondante uso. Quest'ipotesi tuttavia, era irta di problemi. Per prima cosa, i newtoniani non sapevano come condurre un esperimento sul vento d'etere, e poi non sapevano nemmeno spiegare come fa l'elettricità a divenire forza magnetica. Ti ricordi che pensavano i newtoniani a proposito della trasformazione delle forze?

Le forze non si possono né produrre dal nulla né farle scomparire, né tanto meno trasformare in altri tipi di forza.

Tuttavia, Oersted aveva usato l'elettricità per produrre il magnetismo. A questo punto i casi erano solo due: o Newton aveva ragione o aveva torto. Supponiamo avesse ragione: le forze non si trasformano, eppure la forza elettrica diviene forza magnetica.

Forse il fenomeno è prodotto da un'allucinazione.

No, l'esperimento fu ripetuto innumerevoli volte e mai nessuno pensò che si trattasse di un miraggio. Supponiamo che tu sia fermamente convinto che nessun'altra donna assomigli a tua madre. Se vedi una signora che le assomiglia che dici?

Dico che si tratta di mia madre.

Così, se vedi l'elettricità trasformarsi in magnetismo...

Dico che l'elettricità è il magnetismo, o dico che il magnetismo è l'elettricità.

Giusto. André Marie Ampère, uno scienziato francese tra i maggiori della scuola newtoniana del diciottesimo secolo, pensò che Newton avesse ragione e che quindi il magnetismo non fosse altro se non una forma d'elettricità. Ciò che rende tale un magnete secondo "l'ipotesi di Ampère", non sono gli atomi magnetici, come aveva detto Coulomb, ma una leggera scarica elettrica. Ampère scoprì anche che attorcigliando un filo elettrico nel quale passa la corrente attorno a qualche oggetto, si ottiene un magnete. Questo tipo di magnete speciale si chiama elettromagnete.

E così Ampère inventò l'elettrocalamita solo perché voleva dimostrare che Newton aveva ragione e Oersted torto!

Effettivamente, dopo Ampère, non si riuscì più a capire chi aveva ragione, se Newton od Oersted: ci vollero circa cento anni prima che gli scienziati provassero con certezza che era Newton ad avere torto.

Come ci riuscirono?

André Marie Ampère, 1775-1836.

Adesso ci arriviamo. Per ora ti è chiaro che Ampère, per dimostrare l'esattezza della teoria di Newton scoprì l'elettromagnetismo? Non ti sembra buffo che malgrado Newton avesse torto Ampère sia giunto a una così grande scoperta?

Sì, è strano, ma dimostra che tutti possono sbagliare, perfino Newton; anche se questo non significa che la sua teoria non contiene niente di buono.

Vedi com'è strana la scienza: nessuna possibilità deve mai essere scartata.

Molte teorie e poca chiarezza sull'etere

Oggi ci occuperemo delle difficoltà che sorsero intorno all'ipotesi di Ampère. Nella teoria di Newton ad esempio le forze non si creano e non si distruggono, mentre per Ampère questo può ben accadere.

Inoltre si può cambiare verso alla forza cambiando verso alla corrente.

Proprio così, con l'elettricità si può accendere, spegnere, cambiare direzione e fare tutta una serie di azioni impossibili secondo la teoria di Newton. È evidente che ci troviamo di fronte a delle forze che non sono forze in senso newtoniano. Quindi si pensò che fosse impossibile calcolare l'energia delle forze d'Ampère. Laplace e Lagrange avevano dimostrato che nel sistema newtoniano, l'energia resta costante: l'energia totale così come la quantità di moto è sempre la stessa. Nel sistema di Ampère si tentò di ovviare a questo inconveniente asserendo che la corrente elettrica provoca dell'attrito durante il suo moto nell'etere e così la quantità d'energia e di moto non possono restare costanti.

Questo discorso mi ricorda tanto Cartesio.

Infatti, Ampère per essere newtoniano a tutti i costi dovette accettare anche un po' di cartesianesimo. Come vedi la morale della storia è sempre la stessa: la scienza non ha strade preferenziali per percorrere il suo cammino, ed a volte i risultati sono sorprendenti.

Christian Huygens, 1629-1695.

Newton stesso aveva introdotto l'etere nella sua teoria come mezzo per la propagazione della luce. Riteneva, infatti, che la luce fosse composta da piccoli atomi, fosse cioè corpuscolare. Newton aveva osservato per via sperimentale la scomposizione della luce bianca nello spettro dei sette colori, ed aveva concluso che esistono ben sette tipi differenti di atomi della luce. Ai tempi di Newton viveva Christian Huygens, un grande pensatore olandese di scuola cartesiana. Questo scienziato aveva sviluppato una teoria ondulatoria della luce; credeva cioè, che la luce non è composta da atomi ma si propaga per onde nell'etere. A Newton, questa teoria ondulatoria non piacque affatto, perché le onde si comportano in tutt'altra maniera della luce.

Il suono si propaga per onde, vero?

Sì, ad esempio quando le corde di un violino vibrano, la vibrazione produce il suono, e questo giunge alle nostre orecchie tramite l'aria. Se ne conclude che l'aria al pari delle corde del violino, è un mezzo elastico.

Proprio come aveva detto Robert Boyle!

Anche Newton studiò l'elasticità dell'aria, ma ne trasse ben poche conclusioni interessanti. Comunque spiegò il perché un suono attraversa un muro. Secondo te, la luce fa altrettanto?

Penso proprio di no.

È per questo motivo che Newton non accettò l'ipotesi ondulatoria della luce. Ma Newton si sbagliava: è pur vero che la luce non trapassa i muri come i suoni, tuttavia in minima parte riesce a passare. Il fenomeno si può spiegare in questi termini: la luce filtra solo in minima parte, perché l'etere in cui si muove è molto più duro, e quindi meno elastico di quello del suono. Comunque ai tempi di Newton nessuno avrebbe mai creduto che la luce passa nei muri, perché questo fu scoperto circa un secolo dopo. Perciò tutti credettero a Newton ed al fatto che la luce non è un'onda.

Tuttavia nel 1800, un dottore inglese, Thomas Young, dimostrò, tramite degli accurati esperimenti sugli occhi e sui colori, che la luce non era composta solo da sette tonalità differenti, ma da un numero infinitamente grande di sfumature.

Non era facile spiegare il tutto con un numero infinito di atomi, perciò Young ritornò all'ipotesi ondulatoria, assumendo che ogni colore non era altro che un'onda di differente lunghezza (un

Thomas Young, 1773-1829.

po' come i differenti tasti di un pianoforte). Quindi se la luce è un'onda, il problema di come spiegare l'infinita gamma dei colori che la compongono, non sussiste più, basta pensare a lunghezze d'onda differenti. Fu così che Young riportò in auge la teoria di Huygens, anche se pensava che sia lui sia Newton si erano sbagliati a considerare le onde della luce e quelle del suono come qualche cosa d'identico. Questo fu un grande shock per tutti quelli che ritenevano che Newton avesse sempre ragione. All'inizio nessuno credette a Young ma poi quando suffragò la sua ipotesi con degli esperimenti, furono tutti costretti a dargli ragione.

Sulle onde noi sappiamo una cosa di sicuro: si propagano attraverso un mezzo. Il suono, ad esempio, si propaga nell'aria. Quali altri tipi di onde conosci?

Le onde del mare.

Benissimo, quindi sai come si comporta un'onda sulla superficie del mare: il movimento ondulatorio va su e giù, ora bagnando la spiaggia, ora ritirandosi. Il movimento ondulatorio delle onde sonore, invece, non va dall'alto in basso, ma avanti e indietro. Quando un suono esce dalla mia bocca e raggiunge le tue orecchie significa che la mia voce ha sollecitato le particelle d'aria più prossime alla mia gola che a loro volta hanno spinto le particelle che gli erano davanti, fino a giungere alle tue orecchie. Stiamo parlando di due tipi differenti di onde. Le onde del mare sono trasversali, perché si muovono nella sola direzione orizzontale, mentre le particelle d'acqua vanno in su e in giù. Le onde sonore sono invece longitudinali perché le particelle si muovono avanti e indietro nella stessa direzione di marcia delle onde.

Huygens pensò che le onde luminose fossero longitudinali mentre Young dimostrò che sono in realtà trasversali. I corpi elastici si possono muovere in moto ondulatorio traversale come longitudinale, quindi, non appena Young scoprì che la luce è un'onda cercò di capire qual è il mezzo elastico che permette la sua propagazione. Questo mezzo doveva essere assai sottile perché non era possibile vederlo al microscopio. Young lo chiamò "etere luminifero". "Lumen" significa "luce" e "luminifero" significa "portatore di luce". Ampère aveva postulato l'esistenza di un altro mezzo nel quale agisce la corrente elettrica: l'etere elettrico.

Io credo, invece, che l'etere non esiste affatto.

Certo che no! oggi sappiamo che sia Newton, sia Young, sia Ampère, erano in errore. Ma io sto cercando di farti vedere come si sono succeduti i fatti: la teoria stava diventando davvero complicata!

Non stava diventando anche un po' confusa?

No, perché prima che ciò accadesse arrivò Michael Faraday che mise ordine nel caos. Il grande contributo di Faraday alla scienza del diciottesimo secolo fu di affermare che l'etere non esiste. Ma prima di parlare di Faraday vorrei dirti ancora una cosa. Se si suppone l'esistenza dell'etere, si va incontro ad una serie di problemi, primo tra tutti il moto terrestre. Si cercò invano il testimone del moto della terra cioè il cosiddetto "vento d'etere". Il fatto di non riuscire a trovare questo vento, ebbe un'importanza capitale nel rivoluzionare la scienza moderna. Ma per oggi smettiamo di parlare d'etere.

Chi sono mai io, per combattere da solo contro l'intero universo?

Allora, parliamo di Faraday?

Sì certo, Faraday fu un uomo molto interessante, ci sono più libri su di lui che su Newton ed Einstein messi insieme.

È così importante perché riuscì a mettere ordine nella confusione provocata dall'etere?

No, il motivo è tutt'altro: nel diciannovesimo secolo nessuno fece gran caso a questo suo grande contributo.

Allora com'è che scrissero tanto su di lui?

Per due ragioni: in primo luogo perché Faraday fu una perfetta Cenerentola della scienza, ed in secondo luogo perché aveva un carattere affascinante.

Cosa intendi per "Cenerentola della scienza"?

Eccoti, in breve, la sua storia. In effetti, finora non ho mai parlato gran che della vita privata degli scienziati, di qual era la loro condizione umana o di dove traevano il loro sostentamento. Forse avrei dovuto farlo perché tutto questo fa parte della storia "sociale" della scienza. Al giorno d'oggi, ad esempio, i ricercatori che operano negli istituti universitari o nelle industrie hanno un discreto tenore di vita. Nel Medio Evo le cose stavano ben altri-

Michael Faraday, 1791-1867.

menti. All'epoca gli studiosi si potevano dividere in due gruppi: quelli sovvenzionati dalla corona e quelli sovvenzionati dalla Chiesa Cattolica.

La Chiesa costruì anche le Università.

Questo è vero, comunque non era dall'insegnamento universitario che per solito gli scienziati traevano da vivere. Copernico, ad esempio, era mantenuto dalla Chiesa, mentre Cartesio fu pagato dal re, in qualità di precettore di una principessa. Keplero e

Galileo furono sia professori universitari che cortigiani. Poi in seguito alla nascita della Royal Society le cose cambiarono, si pensò che gli scienziati dovessero essere indipendenti finanziariamente e così la ricerca scientifica non fu più una professione ma un nobilissimo hobby: gli scienziati divennero dei "dilettanti". È ovvio che solo i ricchi si potevano permettere un simile passatempo.

Chi furono i primi dilettanti della storia della scienza?

Non si può dire con precisione. Forse alcuni dei filosofi greci si potrebbero definire tali, comunque nel Medio Evo è difficile trovare gente che si dilettasse di scienza, i pochi uomini di cultura avevano tutti a che fare con le università o con la corte del re quando non avevano a che fare con entrambe.

Poi che accadde?

A mano a mano che le corti perdevano la loro importanza c'era sempre meno gente disposta a viverci. Oggi, ad esempio, le corti non rivestono certo l'importanza che avevano nel Medio Evo, non ti pare? Insieme ai fasti delle corti finirono anche gli splendori delle antiche università che persero così gran parte del loro prestigio, benché tra i docenti universitari non mancassero i nomi di grandi scienziati. Newton, ad esempio, era un professore universitario e perfino Oersted ottenne la cattedra, dopo lunghi anni di ostracismo e di avversione da parte del mondo accademico, che considerava la sua teoria troppo rivoluzionaria. Anche Ampère fu un professore e così la maggior parte degli scienziati che lo seguirono; un tempo, comunque, le cose non stavano così. Leggere e scrivere era un privilegio che pochi potevano possedere, in quanto solo i più ricchi avevano un'istruzione adeguata al loro rango e all'esigenza delle loro professioni: preti, dottori, astronomi.

Oggi quasi tutti sanno leggere e scrivere ed hanno anche una certa infarinatura scientifica. Il momento di passaggio tra l'antica ignoranza e la moderna cultura di massa si può datare ai primi dell'Ottocento. Anche le famiglie più umili facevano ogni sacrificio pur di far studiare i figli per garantire loro un lavoro ed un tenore di vita migliore. Erano gli anni della rivoluzione industriale, nascevano le fabbriche e con loro la possibilità d'impieghi adeguati per la gente che avesse ricevuto una certa istruzione. Sorse così in Inghilterra prima, e poi nel resto d'Europa, un movimento a favore dell'istruzione ai poveri, che si concretizzò con la fondazione nel 1800 della Royal Institution. Faraday fu allievo di questo istituto e poi ne divenne in seguito il direttore, organizzando persino dei corsi dedicati ai bambini durante le feste natalizie; ma lo scopo principale della Royal Institution restò sempre l'istruzione degli adulti. Oersted venne in Inghilterra a far visita a Faraday ed al suo istituto e ne rimase talmente impressionato che al suo ritorno in Danimarca si fece promotore di un'istituzione analoga, che opera ancora oggi.

Ma torniamo a Faraday. Suo padre era un fabbro poverissimo e così lui non ebbe modo di frequentare molto la scuola. A questo proposito Faraday soleva dire «La mia istruzione si limitava a mala pena a leggere e scrivere e far di conto. Passavo le mie ore libere a casa o in strada». Faraday fu dunque un autodidatta e per questo alcune lacune dell'infanzia gli restarono per tutta la vita; per esempio non fu mai un buon matematico contrariamente alla consuetudine che vuole uno scienziato molto a suo agio tra i numeri. Anche il corretto uso della lingua inglese gli costò una certa fatica. Faraday iniziò a lavorare assai presto; era un ragazzino di appena tredici anni quando s'impegnò come fattorino presso un rilegatore di libri, un certo signor George Riebau, uomo assai colto. Non sappiamo molto sul conto di questo suo primo datore di lavoro, ma sembra che cercasse di suscitare più vasti interessi culturali nei suoi giovani dipendenti, e subito Faraday fu il più bravo di tutti. Lavorava tutto il giorno e la notte restava sveglio a leggere i libri che aveva rilegato in giornata. Spesso accadeva che un cliente richiudesse il proprio libro prima che Faraday avesse finito di leggerlo, allora il signor Riebau pregava il cliente di ripassare un altro giorno dicendo che la rilegatura non era ancora pronta.

Il signor Riebau era veramente gentile!

Quando Faraday compì i diciassette anni era già quasi un pozzo di scienza. In quegli anni, lasciò il lavoro in negozio e si mise in proprio come rilegatore ambulante. Però lavorava talmente da non poter trovare nemmeno un attimo di tempo per la scienza. Se le cose fossero continuate così, il mondo avrebbe perso un grande scienziato, ma a dispetto della povertà si compì il miracolo. Quando Faraday era già un giovanotto, assisté ad una serie di conferenze pubbliche tenute a Londra dal Signor Tatum che più tardi aprì una scuola serale all'Università, scuola che per la cronaca continua a funzionare tutt'oggi. All'epoca gli studenti per iscriversi a questa scuola dovevano pagare uno scellino, ma Faraday non possedeva quella somma e dovette farsela prestare da suo fratello maggiore, George. Faraday frequentò così tutte le lezioni e prese gli appunti con tale cura da poterli trasformare in un libro.

Presto Faraday fu in grado di seguire le lezioni di Sir Humphry Davy, il più grande chimico dell'epoca. Anche in questo caso seguì con profitto le lezioni e prese degli appunti fatti talmente bene da poterne, anche in questo caso, fare un libro. Faraday in quegli anni lavorava ancora molto sodo e non aveva gran tempo da dedicare alla scienza come sarebbe stata sua intenzione. Ma un bel giorno arrivò a Faraday la voce che Davy cercava un inserviente per pulire le provette nel suo laboratorio. Si precipitò da Davy a chiedere questo lavoro portandosi con sé, quale prova di essere stato un suo allievo, le dispense del corso. Davy restò talmente impressionato dall'interesse che il giovane mostrava per la scienza che lo assunse subito. Faraday lavorò prima come inserviente, poi come assistente, poi come docente ed infine divenne addirittura direttore della Royal Institution.

Non c'è male come carriera!

Senza dubbio. Ora puoi capire perché la vita di Faraday sembra la favola di Cenerentola. Quando Faraday era un uomo ormai più che maturo, ed aveva lasciato la Royal Institution tutti facevano a gara ad offrirgli gli onori più grandi, chi lo voleva presidente della Royal Society e chi rettore dell'Università di Londra. Questo straordinario successo personale insieme all'eccezionalità delle sue scoperte alimentarono una vasta letteratura sul suo conto. Ma lasciamo da parte il Faraday uomo e occupiamoci del Faraday scienziato.

Michael Faraday è interrogato da Sir Humphry Davy alla Royal Institution nel 1813.

Da un cartoncino d'auguri natalizio di Sir William Bragg, premio Nobel e direttore della Royal Institution nel 1935.

Faraday innanzi tutto fu un chimico: non per nulla era stato allievo del grande Davy, e prima di interessarsi di elettricità lavorò con un certo successo in questo campo. All'inizio della sua carriera di ricercatore, Faraday soffriva di un certo complesso d'inferiorità nei confronti della fisica per via delle sue scarse cognizioni matematiche; infatti si trovava in notevole imbarazzo di fronte ad un articolo scientifico se questo conteneva troppo simbolismo matematico. Comunque dopo la scoperta dell'elettromagnetismo Faraday fu preso da tanto entusiasmo che riuscì a superare questo suo complesso d'inferiorità, facendo così la sua prima scoperta in fisica. Ti ricordi l'esperimento di Oersted dove si dimostrava che la corrente elettrica fa ruotare un magnete?

Sì, certo.

Ti ricordi anche la teoria di Ampère secondo cui una forza di rotazione non esiste perché è la risultante di una serie di spinte o di trazioni che dir si voglia?

Sì, me la ricordo benissimo.

Faraday apprezzava molto l'acuto senso critico di Oersted e ne condivideva l'avversione alla teoria newtoniana, sicché si schierò senza riserva dalla sua parte. Inoltre per Faraday non esisteva azione più riprovevole per uno scienziato di quella di aggrapparsi alle proprie idee anche quando si sa per certo che sono false.

Così Faraday prese Oersted molto sul serio e cercò di escogitare uno stratagemma che consentisse ad un magnete di ruotare attorno alla corrente elettrica.

Ci riuscì in questa maniera: immerse un magnete in una provetta piena di mercurio facendo sì che solo un polo affiorasse alla superficie; quindi sospese, tramite un gancio, un filo elettrico sopra il magnete in modo che un'estremità del filo sfiorasse la superficie del mercurio e fosse al tempo stesso libero di ruotare. Collegò ai due poli di una pila il mercurio e l'estremità superiore del filo di metallo in maniera tale che la corrente percorresse tutto il filo. Ed il filo ruotò attorno al magnete! Man mano che la pila sviluppava elettricità il filo si attorcigliava al magnete. Dal momento che non era riuscito a far ruotare il magnete, Faraday fece ruotare il filo fabbricando così il primo motore elettrico della storia.

Eccezionale! Dimmi, cercò ancora di far ruotare il magnete?

Sì, ma non ci riuscì, noi sappiamo far ruotare un magnete, ma questa scoperta non è dovuta a Faraday, perciò torniamo a lui. Il suo motore elettrico gli procurò molta fama, ma al tempo stesso una grande invidia da parte di molti scienziati. Quando Faraday fece questa grande scoperta aveva circa trent'anni, ci vollero dieci anni prima che ne facesse una seconda, anche questa basata sulla teoria di Oersted. Te la ricordi questa teoria?

Sì certo. Ogni tipo di forza può trasformarsi in un'altra. Oersted scoprì l'elettromagnetismo proprio cercando di trasformare l'elettricità in magnetismo.

Subito dopo altri scienziati scoprirono la reciproca possibilità di trasformazione che esiste tra l'elettricità e il calore. Già Oersted aveva notato come un filo metallico percorso da corrente si surriscalda ed un suo allievo, Thomas Johann Seebeck, scoprì il passaggio inverso, cioè quello che fa tornare il calore in elettricità. Come mai?

Insomma, parti da un fenomeno, arrivi ad un altro e poi torni al primo: una specie di stantuffo.

Certo, e se la teoria di Oersted è giusta, tutte le forze godono di questa reversibilità. Infatti se si riesce a trasformare la forza A nella forza B sarà pur vero che…

La forza B può essere di nuovo A!

Esatto: Seebeck scoprì la termoelettricità seguendo proprio questo ragionamento. Egli scaldò da una parte un anello formato da due tipi differenti di metallo: la differenza di calore fra l'una e l'altra parte dell'anello genera un flusso di corrente continua in tutto l'anello. Ora, per lo stesso ragionamento, visto che è possibile convertire l'elettricità in magnetismo, cioè produrre un elettromagnete, dovrebbe essere possibile fare viceversa, ma trasformare il magnetismo in elettricità non è impresa da poco.

Faraday riuscì in questa impresa e chiamò la sua scoperta "l'inverso dell'effetto Oersted". Ormai Faraday era il più grande scienziato dei suoi tempi, ma i dieci anni che trascorsero dalla scoperta del motore elettrico a quella dell'inverso dell'effetto Oersted, meglio conosciuto come dinamo elettrica, non furono anni molto piacevoli. Si trovava ad essere uno dei pochi sostenitori di Oersted e viveva angosciato dal dubbio: «Chi sono mai io per combattere da solo contro l'intero universo?». Faraday, infatti, era il solo a credere che tutte le forze fossero circolari, e quindi anche la spinta o la trazione non fossero che delle risultanti di forze circolari. Tutti gli altri scienziati pensavano invece che Ampère avesse dimostrato una volta per tutte che la verità stava dalla parte di Newton e non di Oersted. Lo stesso Faraday dopo alcuni anni di duro lavoro stava per perdere la speranza di dimostrare l'esattezza della tesi di Oersted e spesso pensava che forse, dopo tutto, Ampère aveva ragione. Ma nel 1813, quando scoprì il modo per convertire un magnete in elettricità decise che mai più sarebbe tornato a ragionare in termini di spinta o trazione. «Sicuramente tu penserai che ti sto prendendo in giro» – disse ad un amico – «oppure penserai, nella tua benevolenza, che sto sognando. Invece non è il caso né di arrabbiarti né di avere compassione di me, ma piuttosto di farti una gran bella risata, proprio come ho fatto io e, credimi, con un gran gusto, non appena ho avuto la certezza che non si trattava né di una forza d'attrazione né di repulsione, ma solo di una delle mie *vecchie forze di rotazione*». Faraday combatté, dunque, tutta la vita per una nuova teoria rivoluzionaria, dove lo spazio è pieno di forze che fanno ruotare gli oggetti e producono ogni sorta di effetti meno quello di attrarre o respingere a distanza. Faraday per lunghi anni fu solo in questa battaglia, senza che nessuno prestasse fede alle sue idee, non suffragate da una robusta conoscenza della matematica e per di più apertamente ostili a Newton.

Faraday, trovandosi così isolato, oscillò spesso tra la fede e il dubbio ed è facile trovare nel suo diario frasi contraddittorie del tipo: «Forse, tutto è un sogno», oppure «Sono perfettamente convinto di quello che faccio». Ma come rimproverarlo di questi suoi umanissimi dubbi? Possibile che tutti gli altri avessero torto e solo lui ragione? È molto difficile restare da solo contro tutto il mondo.

Le linee di forza del magnetismo

Nel 1820 Oersted fece la sua grande scoperta, e nel 1821 Faraday scoprì il motore elettrico. Ci vollero invece ben dieci anni per riuscire a convertire il magnetismo in energia elettrica. Faraday raggiunse questo risultato in un modo molto strano: stava lavorando da molto tempo attorno ad un apparecchio composto di un filo metallico e da un potentissimo elettromagnete, con la speranza di ottenere della corrente elettrica. Ma invano: il filo rimaneva cocciutamente privo di qualsivoglia elettricità. A forza di ripetere l'esperimento però, Faraday si accorse che qualche cosa in effetti accadeva: quando si accendeva o si spegneva la corrente dell'elettromagnete, simultaneamente si creava una potente scarica, non nel filo come previsto, ma attorno ad esso! Si trattava di una scarica elettrica di notevole intensità ma di brevissima durata, giusto l'attimo dell'accensione dell'elettromagnete. Faraday restò molto perplesso perché, a rigor di logica, la corrente generata da un magnete avrebbe dovuto essere continua e non istantanea. Un fenomeno del genere non trovava alcuna spiegazione né nella teoria di Newton, dove l'intensità della forza è direttamente proporzionale alla distanza, né nella teoria di Oersted o di Ampère dove la forza magnetica ha un flusso continuo. Te ne ricordi?

Sì, certo.

Faraday si trovava invece di fronte una forza che non veniva prodotta durante un moto, ma al momento dell'accelerazione iniziale o della decelerazione finale. In questo caso non si verifi-

Il laboratorio di Faraday presso la Royal Institution.

cava il solito fenomeno di un moto che ne causa un altro, ma si aveva un moto prodotto da un'accelerazione. Insomma, accelerando la corrente elettrica che passa in un filo metallico si ottiene l'elettrizzazione di un filo attiguo.

Faraday, per dimostrare il risultato ottenuto, fece un semplicissimo esperimento: mise due fili, uno accanto all'altro, accese l'elettricità e si mise a guardare quello che accadeva: il passaggio della corrente si otteneva solo nella fase di accelerazione o di decelerazione e mai quando l'elettricità era continua (o quando non c'era affatto). Ecco perché Faraday impiegò dieci anni a fare la sua scoperta: aspettava che fosse la corrente continua ad elettrizzare il secondo filo. Capito questo fatto, Faraday, pensò di modificare l'esperimento originario mettendo un magnete naturale al posto dell'elettrocalamita. Pensi sia facile accendere o spegnere un magnete naturale?

Ma che dici! Un magnete naturale non ha l'interruttore, mica lo puoi accendere e spegnere!

Ed invece sì che si può, mangiandoselo, ad esempio! Ma questo richiede uno stomaco di ferro e molto tempo a disposizione.

Comunque Faraday ottenne lo stesso risultato semplicemente allontanando il magnete dal filo elettrico. Prese poi una bobina di filo e mise il magnete al suo interno: finché muoveva il magnete c'era sempre della corrente nel rocchetto. Faraday pensò di spiegare questo fenomeno in una maniera molto semplice: con le linee di forza magnetica.

Le linee di forze magnetiche?

Se prendi un foglio di carta, ci spargi sopra della limatura di ferro, poi passi il tutto su di un magnete, magnetizzerai i pezzetti di ferro ottenendo delle linee ben precise. Ciò significa che ogni scaglietta che compone la limatura è diventata un magnete provvisto di polo nord e polo sud, e ciascun pezzo si disporrà lungo le linee di forza a secondo del polo. Queste linee sono dette: "linee di forza magnetica". Ti ricordi che Faraday non credeva all'esistenza degli atomi elettrici?

Sì, credeva solo alla forza elettrica e alla forza magnetica.

Esatto. Faraday credeva perciò che le linee di forza fossero *reali*, e non fossero dovute alla limatura di ferro, com'era opinione degli altri scienziati. Faraday non credeva affatto che scompigliando la limatura sul foglio si riuscisse a spezzare davvero le linee di forza, perché queste erano *reali*, cioè espressione effettiva delle forze contenute nel campo magnetico e non dovute agli atomi del ferro o dell'etere. Ma come facciamo ad essere sicuri che le linee di forza sono qualcosa di reale? Ad esempio, tagliandole con un filo, come fossero fette di formaggio, diceva Faraday, e constatando che nel filo si è prodotta della corrente. Ma gli altri scienziati non gli credettero: per loro erano gli atomi ad essere reali e le forze non erano altro che azioni reciproche tra atomi. Ovviamente Faraday non era d'accordo. Ma vediamo insieme un altro esempio: se mettiamo due fili in parallelo, accendendo la corrente dell'uno, cosa succede all'altro?

La corrente passa anche al secondo filo.

Proprio così, ma non basta. La teoria di Faraday ci spiega anche perché questo fenomeno accade: quando si accende della corrente elettrica in un filo, tutt'intorno si formano le linee di forza. Se si mette un secondo filo in parallelo, questo taglia a mezzo le linee di forza generate dal primo, e di conseguenza si elettrizza. La teoria di Faraday stabilisce dunque, che la corrente elettrica corre nei fili quando questi tagliano le linee di forza magnetica: chiaramente più sono le linee che il filo attraversa più forte è la corrente che si genera. Se, ad esempio, si fa oscillare un filo nei pressi del polo di un grosso magnete, si ottiene una gran quantità di energia elettrica in quanto il filo taglia moltissime linee di forza.

Questo è dunque il famoso esperimento di Faraday, nel quale si dimostra che le forze sono reali e che la corrente elettrica si produce spezzando le linee della forza magnetica. In questo modo Faraday dimostrò una volta per tutte che Ampère aveva torto a negare l'esistenza del magnetismo per affermare quella dell'elettricità: queste due forze esistono entrambe proprio perché sono la stessa cosa. Faraday dimostrò anche che le forze non agiscono a distanza come si era creduto fino allora ma che occorre del *tempo* perché la forza magnetica si muova. Ti ricordi chi fu ad introdurre l'azione a distanza?

Sì certo, fu Newton.

Lo stesso Newton fu costretto ad introdurre questa idea dell'azione a distanza un po' contro voglia, ed ora Faraday dimostrava che anche alla forza di gravità occorre del tempo per muoversi nello spazio. Faraday inoltre scoprì che l'elettricità per passare da una linea di forza all'altra si muove di moto oscillatorio. Le linee di forza sono elastiche, si comportano cioè come le corde di un violino. Ti ricordi che le onde luminose avevano bisogno dell'etere per propagarsi? Ebbene, Faraday ebbe la brillante idea di sbarazzarsi dell'etere perché nella sua teoria erano sufficienti le linee di forza magnetica per spiegare la propagazione della luce nel vuoto. Quando fai vibrare le linee di forza come corde di violino allora...

Si producono le onde luminose!

Esatto. Secondo la teoria di Faraday, dunque, le forze impiegano un certo tempo per muoversi, producono inoltre le linee di forza magnetiche che sono elastiche e possono vibrare: il prodotto di queste oscillazioni è la luce. Secondo te, che accade nello spazio vuoto?

Non saprei.

Che accade cioè nello spazio interstellare? La luce può propagarsi?

Sì.

Come spiega Newton il fatto che la luce del sole giunge sulla terra?

Con una teoria corpuscolare sulla natura della luce.

Che diceva a proposito la teoria di Young?

Che la luce è un'onda elastica.

La natura ondulatoria della luce indusse Young a credere che lo spazio fosse composto di...

Etere.

L'etere serve da mezzo di trasmissione delle onde luminose. Per Faraday invece, l'etere non esiste. Come fa allora la luce ad arrivare sulla terra? Per Faraday è semplice: la luce non è altro che un'espressione delle linee di forza magnetica. Perciò lo spazio tra la terra e il sole è un immenso campo magnetico.

Questa fu la "coraggiosa ipotesi" di Faraday, come giustamente la definì Einstein. Fino a Faraday la stragrande maggioranza degli scienziati (eccezion fatta per Leibniz, Kant e pochi altri) aveva considerato lo spazio vuoto, privo di materia per definizione e quindi se la luce è un'onda, il mezzo di propagazione doveva ben essere qualche cosa d'altro. Faraday fu il primo a parlare di onde che si propagano nel vuoto! Tutti presero questa affermazione per una emerita stupidaggine: lo spazio o è vuoto o è pieno. Ma Faraday e Kant la pensavano diversamente: tra il pieno ed il vuoto c'è il campo elettromagnetico. Faraday soleva dire: «Lo spazio gode delle stesse proprietà fisiche della materia perché è la materia»; o come ebbe a dire più tardi Einstein «Lo spazio fu messo al mondo dalla vita».

John Tyndall fu un amico intimo di Faraday ed occupò le sue cariche quando questi si ritirò. Ebbene, persino Tyndall espresse a Faraday in una lettera, che venne poi pubblicata, la sua perplessità sull'ipotesi della propagazione della luce nel vuoto. Faraday pubblicò a sua volta, e sullo stesso giornale, la sua risposta. È buffo che due amici pur avendo lo stesso recapito, cioè la Royal Institution, si parlassero tramite la stampa, non ti pare? Comunque Faraday rispose che il principio del vuoto, proprio in quanto è un principio teorico, non è verificabile per via sperimentale, e quindi va accettato così com'è. «Ciò che accade in un campo» – disse Faraday – «è ciò che presumibilmente accade nel vuoto». Dopo la morte di Faraday, Tyndall scrisse un libro sul suo amico e lo intitolò: *Faraday as a Discoverer* (Faraday: uno scopritore). Uno scopritore dunque, non un pensatore. Insomma le idee di Faraday sembravano un po' troppo bizzarre ai suoi contemporanei.

Da Faraday a Einstein. Da Einstein al futuro

Faraday non riuscì a dimostrare che le onde della luce sono le stesse onde della forza magnetica. Benché tentasse con ogni mezzo non riuscì mai a vedere le linee della forza magnetica in movimento né tanto meno a dimostrare in che maniera la luce è collegata all'elettricità. Fu in grado, però, di prevedere un fenomeno molto importante: quando una sorgente di luce è posta in un campo magnetico il suo colore muta lievemente di tono. (Questo fenomeno, oggi noto come effetto Zeeman, fu scoperto da Zeeman nel 1896, trent'anni circa dopo la morte di Faraday, e riveste un'importanza capitale nel campo della fisica atomica). Faraday cercò inutilmente di far vedere che, alterando le linee della forza elettrica, si ottiene del magnetismo, proprio come alterando quelle magnetiche si ottiene l'elettricità. Faraday ebbe da parte dei suoi colleghi scienziati un'opposizione pressoché totale. Le sue idee erano sì rivoluzionarie, ma prive di prove, e per gli scienziati, ormai assuefatti alla lezione baconiana, questo era inconcepibile. Newton, invece, aveva fornito tutte le dimostrazioni possibili e quindi era ovvio che credessero a lui piuttosto che a Faraday: le forze non agiscono nel vuoto per il semplice fatto che non sono individualità reali, ma sono solo il riflesso delle azioni che avvengono tra gli atomi; Faraday si trovò così solo contro tutti. Il suo sconforto era grande e cercò con tutta umiltà di emendare i suoi eventuali errori, ma invano. Più ripensava alla propria teoria e più la trovava esatta a dispetto di ogni critica: le sue idee erano di gran lunga le migliori dell'epoca.

Faraday non aveva una grande cultura matematica, eppure la sua è teoria matematicamente perfetta, l'unico problema è che

Una lezione di Faraday presso la Royal Institution, 1855.

non è espressa in un linguaggio matematico. La scarsa capacità di giostrarsi con i numeri impedì a Faraday di eseguire i superbi calcoli che la sua teoria avrebbe richiesto, impedendo così agli altri scienziati di comprenderla a fondo. Comunque non c'è miglior sordo di chi non voglia sentire: in realtà gli scienziati non avevano alcuna intenzione di capire Faraday perché credevano in Newton. Benché Faraday fosse perfettamente convinto che la scienza non è materia di fede ma terreno di civili dispute, restò ugualmente molto male all'accoglienza gelida che i suoi colleghi tributarono alla sua teoria tanto più che Faraday non si sarebbe mai sognato di pretendere un *atto di fede* nei suoi confronti, ma solo di essere capito e studiato.

Certo è che i suoi colleghi non brillavano affatto di fulgida intelligenza!

Puoi ben dirlo. Comunque, Faraday, vista la piega poco simpatica che prendeva la situazione, decise di non sprecare tutte

William Thomson (Lord Kelvin), 1824-1907.

le sue energie per combattere il caparbio mondo accademico, e pensò di limitarsi a perfezionare i suoi esperimenti e di ripetere la sua teoria con calma e pazienza a chi voleva ascoltarlo. Questa saggia decisione lo preservò forse dall'esaurimento nervoso, ma non lo aiutò certo ad uscire dall'isolamento. Senza contare poi, che lui lavorava alla Royal Institution, una specie di scuola serale, ed erano ben rari gli scienziati che venivano ad ascoltare le sue lezioni. Anche i pochi allievi che accettavano la ipotesi del campo elettromagnetico erano però contrari alla sua esistenza nel vuoto: se lo spazio è pieno di forze, significa dunque, che è pieno di atomi. Per riassumere, c'erano dunque due scuole di pensiero: una sosteneva che lo spazio è pieno di atomi assai rarefatti, l'altra sosteneva che il vuoto è invece formato da atomi speciali, cioè gli atomi...

...d'etere.

Esatto. Il gruppo dei sostenitori dell'etere si divideva poi, a sua volta, in cartesiani e newtoniani. Tanto per citare solo i maggiori, tra i cartesiani s'annoveravano Kelvin e Maxwell. E pensare che ambedue divennero cartesiani sotto l'influsso di Faraday! È una storia abbastanza strana, stai a sentire come andò. All'Università di Glasgow, in Scozia, un professore ordinario s'ammalò e al suo posto fu chiamato un supplente, un certo David Thomson che era cugino di Faraday.

Thomson parlò agli studenti dei campi di forza e questi ne rimasero affascinati. Tra gli studenti si trovava anche William Thomson, meglio noto come Lord Kelvin. David Thomson aveva fatto a tutti gli studenti «una iniezione di fuoco di Faraday».

Bella questa espressione, mi piace! Il fuoco di Faraday, cioè il campo di forza.

Thomson spiegò ai suoi studenti che «la nozione alquanto eterodossa [cioè strana, un po' pazza] di elettricità che agisce in un mezzo è una prova contro le forze newtoniane che agiscono invece a distanza».

Ma Faraday non pensava occorresse un mezzo per la propagazione dell'elettricità!

Faraday no, ma Kelvin, per esempio, sì. Anzi, pensava di trovare una certa affinità tra Faraday e Cartesio, e visto che quest'ultimo non ammetteva il vuoto... Comunque Kelvin fu un uomo molto brillante e divenne, poco più che ventenne, professore all'Università di Cambridge, in Inghilterra. A Cambridge in quegli anni insegnava un altro giovane professore scozzese: James Clerk Maxwell. Maxwell lesse tutti gli articoli scritti dalla scuola di Ampère sull'elettricità e ben presto si convinse che le loro idee

James Clerk Maxwell, 1831-1879.

erano quanto meno un po' "confuse". Scrisse a Kelvin per chiedere un suo parere e Kelvin gli replicò: "leggiti Faraday"; Maxwell ubbidì al consiglio e restò affascinato delle idee di Faraday. Al pari di Kelvin, Maxwell sperò di poter utilizzare le idee di Faraday per far rivivere gli antichi splendori della filosofia cartesiana, attuando così allo stesso tempo, l'antico desiderio di New-

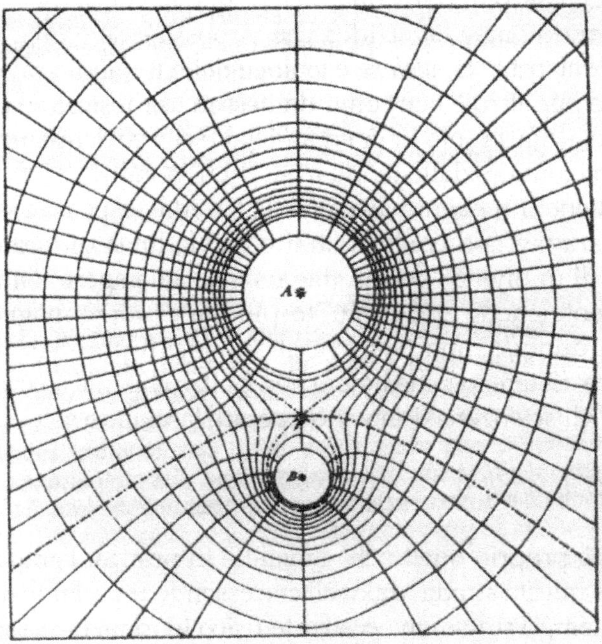

Linee di forza.

ton. Maxwell scrisse a Faraday le sue speranze in una bellissima lettera piena di entusiasmo: «Lei ha finalmente capito che il grande mistero non consiste nel fatto che i corpi uguali si respingono mentre quelli dissimili si attraggono; ma va cercato nel perché i corpi uguali si attraggono (per la gravità). Ebbene... le sue linee di forza, questi sottili fili che tessono nel cielo un mirabile merletto, hanno svelato per sempre il mistero: le forze non agiscono mai a distanza. Ora immaginiamo che ciascuna di queste linee... possegga una forza di *spinta* invece di una forza di trazione...».

Faraday non si dispiacque affatto che Maxwell avesse frainteso un po' la sua teoria, anzi fu molto lieto di ricevere una così bella lettera da parte di un matematico, e si affrettò a risponder-gli rispiegandogli tutto da capo con grande semplicità. Ciò che scrisse Faraday nella sua risposta è veramente degno di nota e persino Einstein lo lesse con entusiasmo a sessanta anni di distanza. Cercherò di darti una idea di quello che scrisse Faraday parafrasando qua e là: «L'idea che vi possa essere un'eventuale connessione tra la *repulsione* e le linee delle forze di gravitazione (cosa che per altro è ben lungi dall'essere dimostrata e pertanto mi limito a citarla solo in via d'amicizia) ci indica quanto *dobbiamo* tenerci lontano dalla teoria a cui mi oppongo».

Vedi bene con quanta diplomazia Faraday espose le sue idee.

Ma Faraday non credeva affatto che la linea di forza avesse bisogno di un mezzo per propagarsi. «Dagli esperimenti risulta chiaramente che lo spazio vuoto pullula di forze magnetiche». Faraday, dunque, non pensava affatto che il puro spazio fosse composto d'etere, perché l'etere non è altro che una sovrastruttura di cui gli scienziati si devono liberare lasciando solo...

I campi di forza!

Sì, ed è proprio quello che avvenne in pratica. Faraday incoraggiò su questa strada Maxwell che essendo un grande matematico e al tempo stesso un eccellente fisico teorico, riscrisse la teoria di Faraday sotto forma di equazioni matematiche, facendola così, finalmente, salire al rango scientifico che meritava. Dopo aver fatto quest'opera di traduzione, Maxwell dimostrò che, se le equazioni erano vere, allora nello spazio vuoto esistevano le onde elettromagnetiche, che viaggiavano alla velocità della luce. Ecco dunque la dimostrazione matematica che la luce è...

Magnetismo!

Non esattamente, per essere più precisi sarebbe meglio dire elettromagnetismo. In effetti Faraday aveva pensato che la luce fosse un'onda magnetica, ma Maxwell dimostrò che si trattava invece di elettromagnetismo.

Che differenza c'è tra il magnetismo e l'elettromagnetismo?

Bravo: questa è una domanda intelligente. Ampère, aveva pensato che il magnetismo fosse un prodotto dell'elettricità e quindi la sola forza ad essere reale era alla fin fine quella elettrica. Faraday non era affatto d'accordo con questa ipotesi; per lui il magnetismo esisteva e come! Piuttosto, erano gli atomi del magnetismo che non esistevano affatto. Per Ampère, che si basava sulla teoria di Newton, una simile affermazione equivaleva a dire che la forza magnetica non esiste *tout court*. Faraday replicò che la forza magnetica, visto che si propaga nel vuoto, non necessita della presenza di alcun atomo per giustificare la propria esistenza. Faraday, ormai vecchio, soleva dire: «Adesso siamo in grado di far vibrare sia le linee del magnetismo, sia quelle dell'elettricità». Maxwell precisò che Faraday aveva commesso un errore su questo argomento: le linee di forza magnetica non possono vibrare per conto proprio, ma solo se abbinate a quelle elettriche. Se nello spazio c'è una perturbazione che fa oscillare le linee del campo magnetico, altrettanto avviene alle linee elettriche, come se si trattasse di altalene o di un pendolo. Questa oscillazione "pendolare" avviene alla velocità della...

Luce! Adesso ho capito perché la luce è una vibrazione elettromagnetica!

Maxwell fu innanzitutto un cartesiano e rivisitò la teoria di Faraday sull'elettromagnetismo con gli occhi di Cartesio.

Questo significa che riscrisse tutta la teoria in termini di particelle d'etere che cozzano l'una contro l'altra, non è vero?

Proprio così. Tuttavia Maxwell riuscì solo in parte a fondare una teoria cartesiana dell'elettromagnetismo e questo insuccesso fu un serio problema per la fisica, almeno fino ad Einstein.

Se nell'aria ci sono delle onde sonore, la velocità del suono è relativa all'aria; per esempio, se tira un forte vento il suono arriverà più rapidamente nel caso che si propaghi nella stessa direzione del vento, mentre giungerà in ritardo nel caso contrario.

È vero.

Benissimo. Ammesso allora che l'etere esista, e che le onde luminose si muovano in essa, noi dovremmo essere in grado di misurare la velocità della luce relativa all'etere, cioè si dovrebbe poter constatare un aumento o un calo di velocità a seconda che l'osservatore si muova nel senso della luce o in quello opposto, proprio come la velocità del suono dipende dal moto relativo dell'osservatore e dell'aria. In altri termini, se esiste un mezzo elastico nel quale si muovono le onde luminose, allora dovremmo essere in grado di misurare l'influenza del vento d'etere sulla velocità della luce: andando in un verso la velocità dovrebbe essere maggiore di quando si va nel verso opposto. Se questo non accade, la teoria dell'etere si trova in un pasticcio. Maxwell si trovò così di fronte a due grossi problemi: la velocità della luce e la forza di gravità. Per Faraday le forze non agiscono mai a distanza e quindi la forza di gravità giunge dal sole alla terra passando attraverso innumerevoli campi di forza, ma questo non basta per risolvere il problema, e Maxwell morì senza aver dato una risposta esauriente al problema della gravità né a quello della velocità della luce.

Gli scienziati contemporanei a Maxwell trovarono le sue equazioni matematiche molto belle, ma non si interessarono realmente alle idee fisiche che queste equazioni esprimevano. Insomma la teoria fisica di Maxwell sembrava loro un po' troppo oscura. Purtroppo Faraday era ormai morto e ben pochi scienziati si presero la briga di andare a leggere le sue opere per vedere cosa aveva pensato lui di questi problemi. Tuttavia a dispetto di questo ostracismo accademico le idee di Faraday cominciarono a farsi strada. Come già sai, Faraday era sempre stato uno scienziato isolato, un uomo poco popolare tra i suoi colleghi, considerato da tutti un dilettante un po' bizzarro. Ma Faraday non si perse d'animo, e visto che gli adulti non volevano stare a sentire, pensò di rivolgersi ai ragazzi, che lui amava in modo particolare, tanto più che non aveva potuto avere figli. Come ho avuto occasione di accennarti in precedenza, Faraday organizzò, durante le feste natalizie, delle lezioni presso la Royal Institution dedicate ai ragazzi. Preparò con grande cura queste lezioni, cercando di spiegare le sue idee nella maniera più semplice e chiara possibile. Il risultato fu splendido, e gli appunti di queste lezioni vennero addirittura pubblicati. Si trattava di una serie di conferenze adattissime al pubblico giovanile a cui erano dedicate: semplici e chiare, pur senza perdere nulla del loro rigore scientifico. (Per inciso, questo è un altro grande contributo di Faraday alla scienza. Fu il primo ad accorgersi che per ottenere il progresso scientifico occorre soprattutto fare opera di divulgazione tra i ragazzi). Questi ragazzi crebbero, e senza aver mai letto le opere di Faraday si trovarono a conoscerne le idee chiave della sua teoria, e per giunta, senza alcuna sovrastruttura dogmatica.

In Inghilterra, dopo la morte di Faraday e di Maxwell c'era così molta gente che conosceva la loro teoria senza averla mai letta. Maxwell inoltre aveva avuto un gran seguito in tutta Europa; Heinrich Hertz e Hendrick Lorentz, ad esempio, fecero parte della sua scuola. Hertz fu un grande fisico sperimentale: fu il primo che riuscì a ricreare in laboratorio le onde elettromagnetiche (proprio quelle che noi chiamiamo onde radio). Qualche tempo dopo, seguendo la sua traccia, Marconi costruì la prima radio. Così, anche se né Faraday né Maxwell costruirono materialmente la radio si possono considerare i suoi inventori morali. Come vedi, anche le invenzioni più pratiche nascono tutte da questioni teoriche, anzi si potrebbe dire che all'origine c'è sempre una sola domanda: di che è fatta la materia?

Lorentz si interessò in particolare delle cariche elettriche, un argomento che era stato lasciato in sospeso sia da Faraday che da Maxwell. Faraday diceva che le linee della forza elettrica si formano in presenza di elettricità positiva e scompaiono al sopraggiungere di quella negativa. Ma Lorentz non si accontentava di questa spiegazione piuttosto sommaria e voleva sapere esattamente perché l'elettricità si divide in "positiva" e in "negativa". Fu così che Lorentz, oltre ad occuparsi del problema della luce, si mise a studiare le cariche delle particelle di materia. Per quanto riguarda la velocità della luce si domandò se non fosse il *tempo* a variare, visto che la velocità rimaneva invariata qualunque fosse la posizione dell'osservatore rispetto alla sorgente luminosa. In altri termini, perché la velocità della luce resti costante, bisogna che il tempo vari con il variare del verso della luce: se si va verso la sorgente, il tempo sarà più veloce, se ci allontana, sarà invece più lento. Lorentz arrivò così alla conclusione che il tempo non è lo stesso in tutti i sistemi di riferimento; il tempo cioè scorre con una velocità inversamente proporzionale alla velocità del sistema.

Che disse Einstein a questo proposito?

Ecco, ora ci arriviamo. Lorentz intuì che alcune difficoltà della teoria di Maxwell scomparivano se si prendevano tempi diversi nei diversi sistemi, ma quest'idea gli parve così bizzarra che non ci lavorò sopra in dettaglio. Ed è proprio questo, invece, quello che fece Einstein. Einstein era convinto che la teoria di Maxwell fosse esatta e quindi che la velocità della luce fosse la stessa in ogni possibile sistema di riferimento, cioè sia muovendosi verso la sorgente luminosa sia allontanandosi la velocità resta invariata. Ora, questo fenomeno si spiega benissimo nell'ambito della teoria di Maxwell *se e solo se non si considera l'etere,* altrimenti la velocità della luce deve essere relativa al mezzo in cui si propaga. Einstein partì quindi dall'ipotesi che l'etere non esiste e costruì una teoria in cui lo spazio vuoto è percorso da infiniti campi di forze. Einstein possedeva idee ben precise sulla struttura della materia, sull'energia, sulla velocità della luce e sul tempo che è relativo al sistema di riferimento adottato, e tutto a soli venticinque anni di età! Questo enorme bagaglio culturale gli permise ben presto di capire che la teoria della gravitazione universale di Newton era sbagliata, perché...

Non esistono azioni a distanza.

Einstein costruì una teoria dei campi gravitazionali in cui il variare del tempo aveva il suo giusto peso. Questa teoria funzionava molto bene e così Einstein proseguì le sue ricerche sperando di ottenere una teoria unitaria che spiegasse contemporaneamente i fenomeni dovuti alla forza di gravità, alla forza elettrica ed a quella magnetica.

Questa teoria è il naturale sviluppo di quella di Faraday che a sua volta è il perfezionamento di quella di Oersted che è l'ampliamento della teoria di Leibniz. In conclusione, tutte le possibili forze dell'universo si influenzano a vicenda e non esistono atomi nello spazio vuoto.

La storia della disputa Leibniz-Newton ebbe dunque quest'epilogo: Newton vinse quasi tutte le battaglie per duecento anni, ma Leibniz vinse la guerra! Oggi comunque, per rispondere a tutti gli interrogativi della fisica moderna non basta più la teoria di Leibniz ma occorrono nuove idee e più vasti orizzonti. Ma questa è la storia di domani.

Bibliografia

Cohen I. Bernard, *La nascita di una nuova fisica*, trad. it., Il Saggiatore, Milano 1974.

Einstein Albert, Infeld Leopold, *L'evoluzione della fisica*, a cura di A. Graziadei, Boringhieri, Torino 1970[3].

Euler Leonhard, *Le lettere ad una principessa tedesca*, Boringhieri, Torino 1958.

Faraday Michael, *On the Various Forces of Nature*, Viking, New York 1960.

Galilei Galileo, *Opere complete di Galileo Galilei*, a cura di G. Abetti, G. Mazzoni e E. Fermi, Giunti, Firenze 1968[4].

Koestler Arthur, *The Watershed: A Biography of Johannes Kepler*, Doubleday, New York 1960.

Koyré Alexandre, *Dal mondo chiuso all'universo infinito*, Feltrinelli, Milano 1974.

Kuhn Thomas S., *La rivoluzione copernicana. L'astronomia planetaria nello sviluppo del pensiero occidentale*, trad. it., Einaudi, Torino 1972.

Lovell Sir Bernard, *Our Present Knowledge of the Universe*, Harvard University Press, Cambridge, Mass. 1967.

MacDonald David K.C., *Faraday, Maxwell, and Kelvin*, Doubleday, New York 1964.

Munro John, *Pioneers of Electricity*, Revell, Chicago and New York 1890.

Nicolson Marjorie Hope, *Voyages to the Moon*, Macmillan, New York 1948.

Schrodinger Erwin, *Nature and the Greeks*, Cambridge University Press, Cambridge, 1954.

Sciama David W., *L'Unità dell'Universo*, trad. it., Einaudi, Torino 1968[2].

Snow A.J., *Matter and Gravity in Newton's Physical Philosophy*, Oxford University Press, New York 1926.

Williams L. Pearce, *The Origins of Field Theory*, Randon House, New York 1966.

Indice dei nomi

Indice analitico

Made in the USA
Monee, IL
04 November 2026

67384631R00144